Macrobiotic Cakes

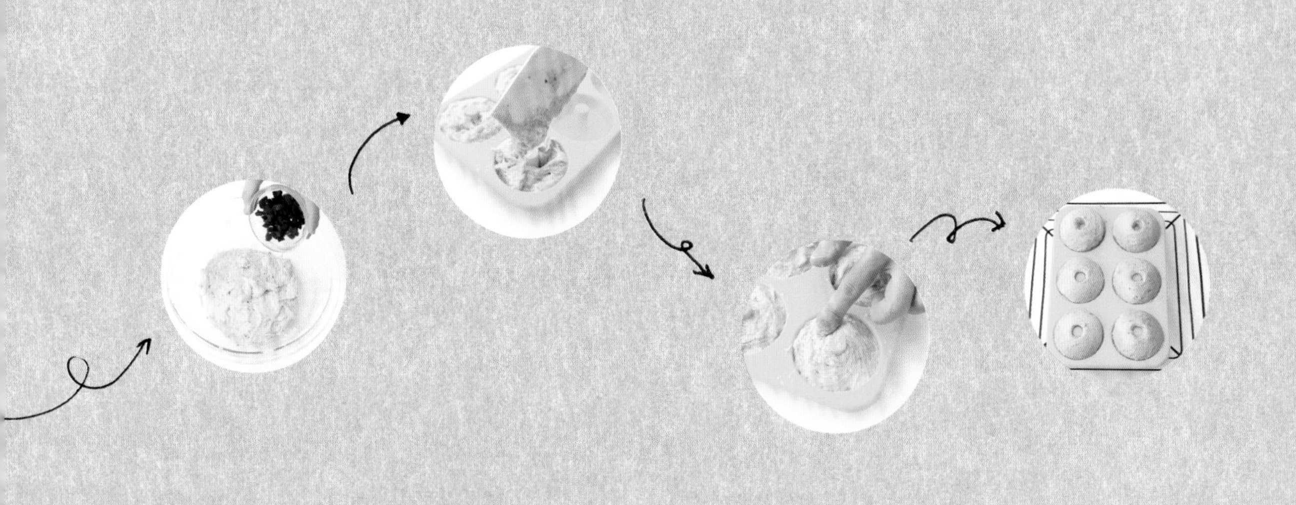

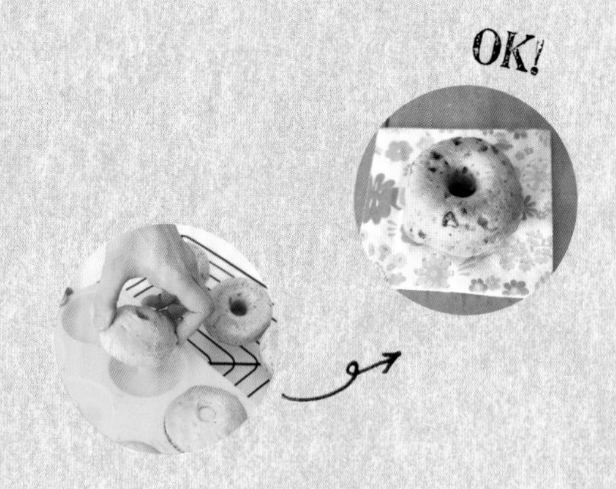
OK!

Macrobiotic Cakes

在家輕鬆作，
好食味養生甜點&蛋糕

上原まり子

Macrobiotic Cakes Contents

天然風味の戚風蛋糕

果醬 & 糖煮水果

奶油 & 抹醬

樸實養生の米粉蛋糕

精緻可愛の法式馬芬

本書製作的甜點皆不含蛋、乳製品及白砂糖，
不僅能滿足現代人對養生飲食的需求，
也能品嚐出爽口的幸福甜味。

何謂養生飲食法（Macrobiotic）？

養生飲食法「Macrobiotic」乃是由「macro＝偉大的、bio＝生命的、tic＝學術」三個字根所組成，其原意為「偉大的生命」。

植物性食材全使用

崇尚最貼近自然的飲食生活，在材料的選擇方面，以有益身體健康的植物性食材為主，例如：以豆乳來代替牛奶。

完全領受來自大自然的恩惠

依各類甜點的口感不同予以調配，也盡量採用不去除褐色麥麩的全麥麵粉、杏仁粉等，而胡蘿蔔、南瓜等富含營養的鮮蔬外皮也在本書的使用之列。

嚴選當令的素材

本書使用了各式各樣的當令水果來製作甜點，可依個人喜好，隨四季變化更換水果種類，盡情享受養生烘焙的百變樂趣吧！

作法簡單，
外表可愛又華麗的養生甜點

不含蛋、乳製品，跟著本書製作一樣超好吃！

本書跳脫傳統養生點心的樸素窠臼，介紹了瑞士捲、糖霜甜甜圈、戚風蛋糕等看起來精緻可愛的華麗蛋糕，藉此推廣品味輕甜點心的同時又能兼顧養生的飲食新主張！

免除繁複的打發功夫，作法就是這麼簡單！

打發雞蛋、奶油等困難的作蛋糕技巧，本書食譜將其完全簡化！只需要5分鐘製作麵團，放入烤箱烘焙就OK！

令視甜如命的甜點迷也愛不釋口的養生蛋糕

低糖少油的烘焙方式，雖然讓蛋糕口感稍為清淡，但更凸顯了食材本身的香甜味，和諧的材料份量比例，更讓人百吃不厭，且耐人尋味。

烘焙材料

本書的養生甜點不含蛋、乳製品及白砂糖，
在此介紹食譜中有別於一般甜點的烘焙食材。

麵　粉

依甜點的種類、口感及風味變化，使用不同麵粉來製作。

低筋麵粉

低筋麵粉一般常用來製作甜點，在本書使用有機低筋麵粉。因為5℃左右的低溫會導致麵粉變質，恰與冰箱冷藏室的溫度一致，切勿把麵粉放入冰箱保存。

全麥低筋麵粉

全麥麵粉指的是在磨製過程中保有麩皮與胚芽的麵粉。容易與全麥高筋麵粉混淆，在購買時請多加留意。其黏度較低（較不易起筋），因此麵團的口感較為粗糙。

中筋麵粉（地粉）

以日產小麥為原料磨製而成，味道十分豐富。其蛋白質含量比低筋麵粉高，因此以中筋麵粉（地粉）作成的麵團，會帶有扎實嚼勁的口感。

米粉

以粳米（製作米飯的白米）為原料磨製而成，在本書食譜多用來取代麵粉。在購買時，請選擇不含任何添加物的純米粉。

糙米粉（玄米粉）

以糙米為原料磨製而成，因研磨方式的不同，偶有出現粉質粗細不一、顏色略黃等差異，這些皆屬自然現象，在選購上無需另外細分。與米粉混和使用會讓麵團呈現出粗糙的口感與濃郁的香氣。

膨發粉

本書使用泡打粉來製作蛋糕。

泡打粉（無鋁）

請使用不含鋁的泡打粉。開封後若逾六個月未使用完畢，其膨發能力會逐漸消退，在購買時，請依需求選擇小包裝使用。

增添麵團的香醇與風味

可直接混在麵粉裡、和在餡料中，也可當裝飾副食材。

杏仁粉（帶皮研磨）

整粒杏仁帶皮磨製而成，有著濃濃堅果香氣與獨特的杏仁味。經烘烤後，會散發濃郁香氣及略為粗糙的口感。因杏仁粉容易氧化，若已開封的剩餘杏仁粉，請以密封處理後冷凍保存。

杏仁粉

杏仁經去皮後磨製而成。使用杏仁粉製作的甜點，帶有溫潤而濃郁的香氣，並保有濕潤的口感。因杏仁粉容易氧化，若已開封的剩餘杏仁粉，請以密封處理後冷凍保存。

椰子粉

椰子粉採用椰肉乾燥粉碎而成。帶給麵團濃郁獨特的熱帶香氣。因椰子粉容易氧化，建議密封處理之後，放入冰箱冷凍保存即可。

大麻籽

去除硬殼的大麻籽，猶如芝麻般細小，將味道溫和的大麻籽和入麵團裡，會散發出核桃般的醇厚風味。

為麵團增添色彩及味道

與麵粉混合或過水溶解後使用。

抹茶粉

製作綠色麵團時使用。本書的綠色麵團除了抹茶之外，依甜點的味道與香氣不同，另介紹了艾草粉、大麥若葉粉及開心果粉等有著可愛顏色的天然材料。

紅麴粉

製作粉紅色麵團時使用。紅麴本為中藥材的一種，經研磨成粉後，即可當成料理或甜點的天然著色食材使用。各品牌的紅麴色澤不一，請一邊烘焙一邊觀察成色狀態。

穀物咖啡

用於製作褐色麵團。穀物經烘烤製成，帶有咖啡香但無咖啡因是其一大特色，本書的褐色麵團除了穀物咖啡之外，也介紹了焙茶粉、紅茶粉等材料。各種食材都有獨特的味道或香氣，可依甜點的種類作變化，好好地享受靈活運用材料原色的樂趣吧！

鹽

在製作養生甜點的過程中，多半會添加一小撮鹽調和甜度。本書以天然鹽取代精鹽。

替代白砂糖的天然甜味材料

「蜂蜜」在養生飲食中被歸類為動物性食品，因此全書食譜無添加蜂蜜。

楓糖漿

以糖楓樹液濃縮製成，常作為養生食材中的天然甜味料。楓糖漿依色澤及風味區分不同等級，可選擇自己喜歡的楓糖漿來製作，但須注意的是，高濃度的糖漿會讓甜點的成色變得較深。

甜菜糖

甜菜糖是由甜菜所萃取的糖分。一般人常使用蔗糖、砂糖製作甜點，而養生飲食所使用的糖多為甜菜糖。

龍舌蘭糖漿

生長在墨西哥附近的龍舌蘭根莖所萃取出來的糖分，亦為龍舌蘭酒的材料聞名於世。龍舌蘭糖漿的GI值（GI值為升糖指數Glycemic Index）較砂糖低，需控制血糖值者也可安心食用。

米飴

以米的澱粉質製成的甜味材料，呈水飴狀，甜味溫和。添加米貽的餡料或奶油會帶有黏稠的口感與光澤。

100%蘋果汁

果汁也可作為甜味材料使用，請盡量使用100%純果汁。蘋果汁與橘子汁都在使用名單之列。

酒釀（玄米酒釀）

有著天然甜味，可當成甜味材料，本書使用以玄米發酵製成的玄米酒釀。開封後以冷藏方式保存，約可使用一個星期。

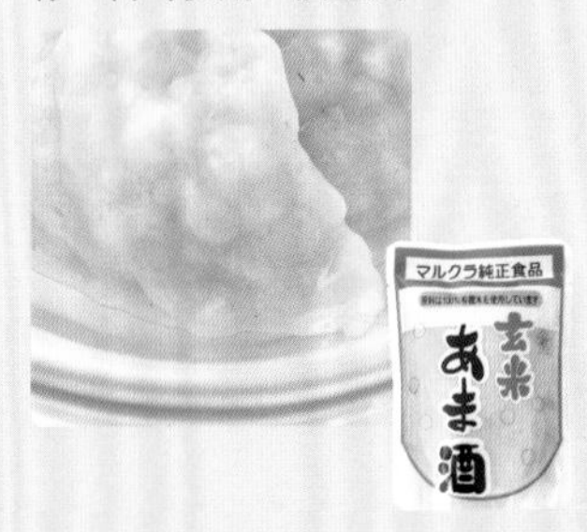

油脂類

養生甜點的基礎用油皆選擇植物性食用油。

菜籽油

溫和無色、味道清爽，非常適合用於甜點製作。色澤略黃的菜籽油則為料理用油，不適合用於製作甜點。

Tahini（中東芝麻醬）

本書使用中東料理常見的中東產白芝麻醬，亦可使用日本產白芝麻醬來替代，可為甜點增添香醇濃郁的味道。

可可脂

由可可豆中萃取出來的油脂。本書用於製作糖霜，可使糖霜呈現出自然光滑且容易進行擠花。

乳製品的替代材料

代替牛奶與鮮奶油的材料。

豆乳

在養生甜點中提到的「奶」皆為豆乳。建議使用味道香濃且成份無調整的天然豆乳。

椰奶

為椰子中的白色胚乳榨取而成。和入麵團或奶油當中，可散發出椰子特有的濃郁風味。

木棉豆腐

製作奶油時使用。將豆腐的水分瀝乾後，放入食物調理機中打成泥狀，加入少許油分口感會更加滑順。

凝　固

在養生飲食當中不使用吉利丁等動物性凝固食材。

寒天粉

奶油勾芡時使用。寒天粉比片狀寒天容易作微量調整，處理起來較方便。

葛粉

醬汁勾芡時使用。請選用未參雜玉米粉等其他成份的葛粉。

巧克力的替代品

即使是製作甜點專用的巧克力，在本書中也不添加使用。

角豆粉

以長角豆（蝗豆）的豆莢磨製而成，味道與可可相近，但脂肪質比可可來得低，味道香氣都相當清爽。

角豆片

把油脂拌入角豆粉當中，經烤焙凝固而成，其味道略帶巧克力的微苦。在養生飲食中，常被和入麵團中當成巧克力片的替代品使用。

香味料

本書食譜不使用人工合成香草香料製成的香草精。

將香草豆浸泡在水與酒精當中，經萃取而成的天然香味料。因其香氣不是很濃郁，所以用量會比香草精還多。

烘焙工具

以下介紹本書所使用的基本工具。除了蛋糕模具之外，不需要另外準備專用器具，只要善用家中現有烹調器材，初學者也能順利動手作蛋糕！

磅秤

電子秤能計量至最小單位1g，相當精準便利。

量杯・量匙

一量杯＝200ml、一大量匙＝15ml、一小量匙＝5ml。甜點製作需要精密的計量，因此需備妥能測量至1/2或1/4小匙的量匙，使用上較為方便且可降低失敗率。

調理盆

準備大（直徑約25cm）、中（直徑約20cm）兩種尺寸。使用玻璃或不銹鋼材質皆可。

多用途網篩（濾網）

過篩粉類時使用。選擇附有把柄的濾網較為方便。

攪拌器・橡皮刮刀

攪拌器為攪拌粉類及材料時使用，以小型烹飪攪拌棒代替亦可；橡皮刮刀則在拌勻麵團或入模時使用，請選擇使用上較為順手的刮刀。

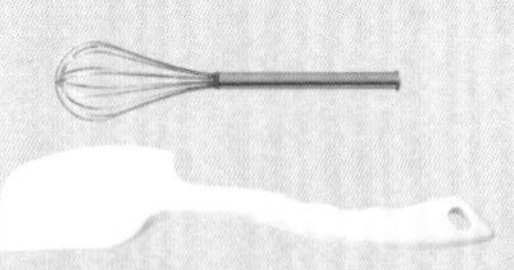

網架

剛出爐的甜點放置冷卻時使用。

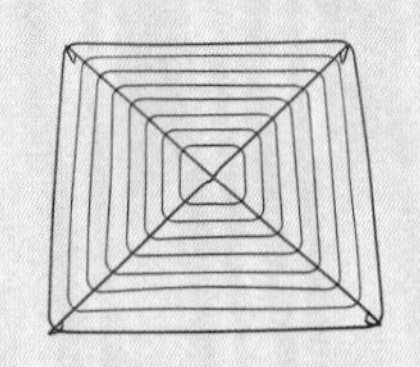

烘焙紙

鋪放在模具或烤盤內使用，亦稱烹飪紙、蠟紙、烤盤紙等。

食物調理機

在本書中，將奶油的材料放入食物調理機，打成均勻滑順狀使用。

烤模

依甜點類型分別使用不同形狀的烤模，本書在需使用烤模的食譜中詳細介紹。圖片為甜甜圈用的甜甜圈模與米粉蛋糕用的四方模。

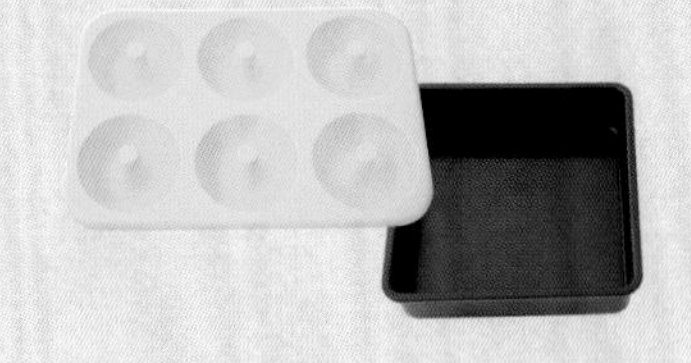

＊量匙、橡皮刮刀、網架、甜甜圈模、四方模/貝印

購買資訊 （本書所使用的材料・工具皆可於一般食材行＆烘焙材料行購入）

材　料

わらべ村 http://www.warabemura.net
BIOKURA STYLE http://www.biokura.jp/
cuoca http://www.cuoca.com/
精選食材 572310.com
http://www.rakuten.ne.jp/gold/nk/
GAIA http://www.gaia-ochanomizu.co.jp/shop/default.aspx
pal system消費合作社聯盟 http://www.pal-system.co.jp/
守護大地協會 http://www.daichi.or_jp/
Earth Market 千葉県千葉市美浜区高浜1-10-1

工　具

貝印股份有限公司 http://www.kai-group.com

Doughnut

不含蛋、乳製品、白砂糖，偶爾小麥粉也可以米粉取代喔！

繽紛糖霜の烤製甜甜圈

外型看起來樸素，但吃一口就知道的鬆軟、濕潤、嚼勁……麵粉本身就是一種富有變化的好味道，只要依喜歡的口感多方嘗試，不添加雞蛋與乳製品也能作出一般口感的甜甜圈！除了原味甜甜圈之外，以下也介紹了淋上糖霜的版本。

由前面開始依順時針方向，分別為原味甜甜圈（p.12）、可可風味葡萄乾甜甜圈（p.14）、摩卡巧克力&玄米甜甜圈（p.26）、白巧克力&抹茶甜甜圈（p.25）、果乾甜甜圈（p.13）。

甜甜圈的烘烤法

養身甜點麵團的作法非常簡單，事先把材料備齊後測量好所需份量，再將**【WET】（液體類）**與**【DRY】（粉類）**分別拌勻，最後將兩者混合攪拌即可，花5分鐘就能作好麵團！

原味甜甜圈

材料（6個份）

【WET】
豆乳……120ml
楓糖漿……50ml
菜籽油……40ml

【DRY】
中筋麵粉（地粉）……150g
杏仁粉（帶皮）……20g
甜菜糖……3大匙
鹽……一小撮
泡打粉……1/2大匙

準備
- 烤箱預熱至180℃。
- 在甜甜圈模具內部，塗上一層薄薄的菜籽油（份量外）。

1

攪拌WET的材料

將【WET】材料放入調理盆，以橡皮刮刀充分攪拌。

材料略處於油水分離狀態，可大致攪拌均勻即可。

攪拌DRY的材料

將多用途網篩架在空調理盆（稍大者為佳）上，再倒入【DRY】材料，以攪拌器一邊攪拌一邊過篩到調理盆中。

使用小型攪拌器在網篩當中來回攪拌過篩較快又方便，若有顆粒較粗而無法過篩的全麥麵粉麩皮，也可以直接和入麵團當中。

WET＋DRY

將步驟1的【WET】倒入步驟2的【DRY】，以橡皮刮刀充分攪拌混合至無粉末狀態。

材料拌勻後，黏稠的麵團會呈現比較滯重的狀態。

趁此時加入其他餡料。

模具

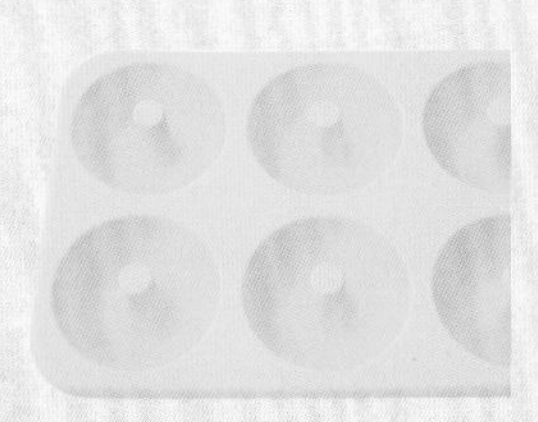

使用矽膠製甜甜圈軟模，較容易脫模，操作上方便又輕鬆。

果乾甜甜圈

將喜歡的果乾50g（在此使用碎杏桃乾）加入原味甜甜圈的麵團中，輕鬆烘烤完成。

保存方式

請在烤焙當日食用完畢，或以保鮮膜包妥後，放入冰箱冷凍或冷藏保存，食用前可置於室溫下自然解凍。

4

入模

將步驟3的材料均分填入甜甜圈模中，再以手指沿著模具將麵團的表面抹平。

入模時請勿讓麵團溢出模外，並以手指在表面抹平，烤出來的形狀會更完美。

5

烘烤麵團

將步驟4放在烤盤上，放入預熱至180℃的烤箱，約烘烤20分鐘。

烘烤20分鐘後，插入竹籤觀察烘烤狀態，若無沾黏現象即表示烘烤完成。

6

冷卻

出爐後，放置於網架上冷卻，待降溫至手能觸摸的溫度時，再將甜甜圈脫模分別置於網架上，直至完全冷卻。

脫模時，若直接強行拔取可能會破壞甜甜圈的外型，可稍稍扭轉模具後再行取出，就能輕鬆地脫出漂亮的形狀。

可可風味葡萄乾甜甜圈

雖名為可可風味，但這裡是以角豆粉取代可可粉。
角豆粉的香味與口感近乎可可，在養生飲食裡常作為巧克力的替代品。

材料（6個份）
【WET】
豆乳……145ml
楓糖漿……55ml
菜籽油……35ml
100％蘋果汁……35ml
楓糖漿……40ml
【DRY】
中筋麵粉（地粉）……150g
角豆粉……40g
鹽……1小撮
泡打粉……1/2大匙

餡料・葡萄乾……32g

準備
・烤箱預熱至180℃。
・在甜甜圈模具內部，塗上一層薄薄的菜籽油（份量外）。

葡萄乾
請選用有機葡萄乾，直接加入麵團使用也OK，不一定要以水泡軟。

保存方式

請在烤焙當日食用完畢，或以保鮮膜包妥後，放入冰箱冷凍或冷藏保存，食用前可置於室溫下自然解凍。

製作方法（請參見p.12至13的製作方法）
1 將【WET】材料放入調理盆中攪拌。
2 將泡打粉之外的【DRY】材料過篩到空調理盆中，最後加入泡打粉一起攪拌。
3 將步驟**1**與步驟**2**混合攪拌至無粉末狀態，再倒入葡萄乾拌勻。
4 將步驟**3**的材料分別入模，並以手指將麵團的表面抹平。
5 將步驟**4**的材料放入烤箱，以180℃約烘烤20分鐘。放涼脫模後，再放置至完全冷卻。

薑香杏仁甜甜圈

散發出微微的生薑香氣與濃郁的杏仁風味。
味道略為清淡可抹上果醬，或撒上堅果增添口感，還可享受甜點裝飾的樂趣呢！

材料（6 個份）

【WET】
豆乳……110ml
楓糖漿……60ml
菜籽油……30ml

【DRY】
中筋麵粉（地粉）……150g
生薑粉……1大匙
鹽……1小撮
泡打粉……1/2大匙

喜歡的果醬（大黃果醬請參閱p.48）
……適量
杏仁……15g

準備

- 烤箱預熱至180℃。
- 在甜甜圈模具內部，塗上一層薄薄的菜籽油（份量外）。
- 將杏仁鋪放在烤盤上，放入烤箱以180℃烘烤4至5分鐘後，取出切成粗粒狀。

生薑粉
生薑經乾燥磨製而成。不僅能熬煮生薑湯飲品，也可用於製作甜點。

保存方式

請在烤焙當日食用完畢，或以保鮮膜包妥後，放入冰箱冷凍或冷藏保存，食用前可置於室溫下自然解凍。

製作方法（請參見 p.12 至 p.13 的製作方法）

1. 將【WET】材料放入調理盆中攪拌。
2. 將泡打粉之外的【DRY】材料過篩到空調理盆中，最後加入泡打粉一起攪拌。
3. 將步驟 **1** 與步驟 **2** 混合攪拌至無粉末狀態之後，再倒入杏仁（預留少些作裝飾用）一起拌勻。
4. 將步驟 **3** 的材料分別入模，並以手指將麵團的表面抹平。
5. 將步驟 **4** 的材料放入烤箱，以180℃約烘烤20分鐘。放涼脫模後，再放置至完全冷卻。
6. 待步驟 **5** 冷卻後抹一上層薄薄的果醬，最後放上杏仁粒作裝飾。

Doughnut

大麥若葉&糖漬橘皮甜甜圈

日本大麥若葉粉一般用來製作青汁飲品，
在此特別推薦以大麥若葉粉鮮明的綠色來製成甜點，
不會帶有抹茶的苦澀，味道溫和清爽，成色也相當漂亮，
再搭配了糖漬柑橘皮，更有畫龍點睛的效果。

材料（6個份）
【WET】
豆乳……130ml
菜籽油……30ml
楓糖漿……70ml
【DRY】
低筋麵粉……150g
大麥若葉粉……25g
鹽……1小撮
泡打粉……2小匙

餡料・糖漬橘皮（製作方法詳見下述）
……90g

大麥若葉粉
取下剛發芽的大麥嫩葉，經烘乾後磨成粉末，含有豐富的食物纖維、維他命及鈣質。

準備
・烤箱預熱至180℃。
・在甜甜圈模具內部，塗上一層薄薄的菜籽油（份量外）。

製作方法（請參見p.12至p.13的製作方法）
1 將【WET】材料放入調理盆中攪拌。
2 將泡打粉之外的【DRY】材料過篩到空調理盆中，最後加入泡打粉一起攪拌。
3 將步驟1與步驟2混合攪拌至無粉末狀態，再倒入糖漬橘皮拌勻。
4 將步驟3的材料分別入模，並以手指將麵團的表面抹平。
5 將步驟4的材料放入烤箱，以180℃約烘烤20分鐘。放涼脫模後，再放置至完全冷卻。

保存方式
請在烤焙當日食用完畢，或以保鮮膜包妥後，放入冰箱冷凍或冷藏保存，食用前可置於室溫下自然解凍。

糖漬橘皮

運用柑橘皮特有苦香味，製作成的成熟大人風味。
除甘夏橘之外，也可使用柚子或八朔橘等柑橘皮，以下列方法進行醃製。

材料（容易製作的份量）
甘夏橘皮……2個份
甜菜糖……甘夏橘皮的半量重
水……適量

製作方法
1 甘夏橘皮切絲（白色部分也可使用）。
2 將步驟1與水（足以覆蓋材料的份量）倒放入鍋中，待加熱水煮開後把湯汁倒掉，再重覆此動作操作一次。
3 將甜菜糖和水（稍可露出材料的份量）倒入步驟2的鍋中，再以中小火邊煮邊攪拌，中途若是水分熬乾，請補充適量水分，煮至果皮軟化即可。

Doughnut

夢幻草莓甜甜圈

在淡粉色的甜甜圈中，隱約可見草莓的粉紅果粒，肯定是宴會裡的人氣甜點！
外型可愛，口感有如蒸麵包般柔軟綿密，
使用紅色全熟的草莓製作，會更加出色。

材料（6個份）

【WET】
豆乳……110ml
菜籽油……35ml
甜菜糖……3大匙

【DRY】
米粉……150g
杏仁粉（帶皮）……30g
鹽……1小撮
泡打粉……1/2大匙

餡料・草莓……60g

準備

・烤箱預熱至180℃。
・在甜甜圈模具內部，塗上一層薄薄的菜籽油（份量外）。

保存方式

請在烤焙當日食用完畢，或以保鮮膜包妥後，放入冰箱冷凍保存即可，食用前可置於室溫下自然解凍。以米粉作成的甜點，不建議以冷藏方式保存，冷藏會讓水分散佚，使口感變得乾硬。

製作方法（請參見p.12至p.13的製作方法）

1 將【WET】材料，放入調理盆中攪拌。甜菜糖較難完全溶解，請充分攪拌加速溶解。
2 將泡打粉之外的【DRY】材料過篩到空調理盆中，最後加入泡打粉一起攪拌。
3 將步驟**1**與步驟**2**混合攪拌至無粉末狀態後，再將草莓揉碎加入拌勻。
4 將步驟**3**的材料分別入模，並以手指將麵團的表面抹平。
5 將步驟**4**的材料放入烤箱，以180℃約烘烤20分鐘。放涼脫模後，再放置至完全冷卻。

以手把草莓揉碎，讓草莓經過攪拌之後，仍可保有顆粒感。須留意草莓的紅色果汁若噴濺在衣服上，會使衣服染色。

草莓的水分會讓麵團變軟，請確實把材料拌勻。

蘋果檸檬甜甜圈

揉入小塊蘋果粒，撒上些許肉桂增添風味，
品嚐米粉特有的溫和微甘與蘋果的酸甜，
烘焙而成讓人感動的好滋味。

材料（6個份）

【WET】

豆乳……120ml
菜籽油……40ml
100%蘋果汁……60ml
楓糖漿……40ml

【DRY】

米粉……200g
杏仁粉（帶皮）……40g
鹽……1小撮
肉桂粉……1/2小匙
泡打粉……2小匙

餡料・蘋果……1/4顆

準備

- 烤箱預熱至180℃。
- 在甜甜圈模具當中，塗上一層薄薄的菜籽油（份量外）。
- 蘋果去皮，切成約3mm的小丁。

製作方法（請參見p.12至p.13的製作方法）

1. 將【WET】材料，放入調理盆中攪拌。
2. 將泡打粉之外的【DRY】材料過篩到空調理盆中，最後再加入泡打粉一起攪拌。
3. 將步驟**1**與步驟**2**混合攪拌至無粉末狀態，再倒入蘋果粒拌勻。
4. 將步驟**3**的材料分別入模，並以手指將麵團的表面抹平。
5. 將步驟**4**的材料放入烤箱，以180℃約烘烤20分鐘。放涼脫模後，再放置至完全冷卻。

先將蘋果切成3mm的小丁，和入麵團中大略攪拌混合，讓蘋果融入麵團當中，並能保有爽脆的口感。

保存方式

請在烤焙當日食用完畢，或以保鮮膜包妥後，放入冰箱冷凍保存即可，食用前可置於室溫下自然解凍。以米粉作成的甜點，不建議以冷藏方式保存，冷藏會讓水分散佚，使口感變得乾硬。

和風味噌甜甜圈

好似在握壽司上抹味噌醬一樣地簡單好吃，
米粉甜點搭配日式的食材，竟是如此契合美味，
再和入些許玄米粉後，可呈現出富有嚼勁的顆粒口感。

材料（6 個份）

【WET】

豆乳……160ml

楓糖漿……70ml

菜籽油……45ml

味噌（在此選用麥味噌）……1大匙

【DRY】

米粉……160g

糙米粉……80g

泡打粉……2小匙

準備

・烤箱預熱至180℃。
・在甜甜圈模具內部，塗上一層薄薄的菜籽油（份量外）。

製作方法（請參見 p.12 至 p.13 的製作方法）

1 將【WET】材料，放入調理盆中攪拌。
2 將泡打粉之外的【DRY】材料過篩到空調理盆中，最後加入泡打粉一起攪拌。
3 將步驟 1 加入步驟 2 之後，攪拌成無粉末狀態。
4 將步驟 3 的材料分別入模，並以手指將麵團的表面抹平。
5 將步驟 4 的材料放入烤箱，以180℃約烘烤20分鐘。放涼脫模後，再放置至完全冷卻。

濃稠的味噌較不容易溶解，可加入少量豆乳稀釋後再進行攪拌，作起來會比較輕鬆容易。

保存方式

請在烤焙當日食用完畢，或以保鮮膜包妥，放入冰箱冷凍保存即可。食用前可置於室溫下自然解凍。以米粉作成的甜點，不建議以冷藏方式保存，冷藏會讓水分散佚，使口感變得乾硬。

淋上糖霜作為裝飾的甜甜圈

熬煮糖霜在熄火後，須立即以尖頭的長柄勺澆淋在甜甜圈上，糖霜一經冷卻就會凝結，因此作業秘訣快速！

以下要介紹的是不含糖與乳製品的爽口糖霜。
在製作上有兩大重點：一、為了凝結糖霜而加入寒天，須讓寒天確實溶解。
二、糖霜要趁熱淋在甜甜圈上。

粉紅莓果甜甜圈

在添加蔓越莓乾的椰奶甜甜圈上，淋上覆盆子糖霜。
莓果的酸甜滋味，是此款甜甜圈最迷人之處。

材料（6個份）

【WET】
豆乳……115ml
楓糖漿……50ml
菜籽油……30ml

【DRY】
中筋麵粉（地粉）……150g
鹽……1小撮
泡打粉……1/2大匙

餡料
椰子粉……22g
蔓越莓乾……20g

覆盆子糖霜
水……30ml
豆乳……25ml
可可脂……20g
覆盆子（冷凍或新鮮皆可）……15g
龍舌蘭糖漿……20ml
寒天粉……3/4小匙
鹽……1小撮

準備
・烤箱預熱至180℃。
・在甜甜圈模具當中，塗上一層薄薄的菜籽油（份量外）。

保存方式

請在烤焙當日食用完畢，或以保鮮膜包妥後，放入冰箱冷凍或冷藏保存，食用前可置於室溫下自然解凍。

製作方法（請參見p.12至p.13的製作方法）

1 將【WET】材料放入調理盆中攪拌。
2 將【DRY】材料過篩到空調理盆中。
3 將步驟 **1** 與步驟 **2** 混合攪拌至無粉末狀態，再倒入椰子粉與蔓越莓乾一起攪拌。
4 將步驟 **3** 的材料分別入模，並以手指將麵團的表面抹平。
5 將步驟 **4** 的材料放入烤箱，以180℃約烘烤20分鐘。放涼脫模後，再放置至完全冷卻。
6 製作覆盆子糖霜（參照下述製作方法）。先將覆盆子切碎後，連同糖霜的材料依序放入鍋中加熱，並持續攪拌至滑順。
7 讓步驟 **6** 的材料稍微煮開後熄火，趁熱淋在甜甜圈上，靜置至凝固即可。

糖霜的製作方法

＊淋上糖霜時，可先把甜甜圈排列在平底烤盤或烘焙紙上，使滴落的糖霜容易清潔。

把水、豆乳及可可脂，依序放入鍋中加熱至可可脂充分溶解。

倒入覆盆子及龍舌蘭糖漿。

將寒天粉均勻地撒在材料上，再接著撒上些許的鹽。

讓材料稍微煮開約30秒，若未煮開將無法產生凝結效果。

白巧克力＆抹茶甜甜圈（圖左）

白巧克力糖霜搭配抹茶風味甜甜圈，吃出和風新食感好味道。

異國奶茶風味甜甜圈（圖右）

英式伯爵茶糖霜搭配印度拉茶甜甜圈，香甜調和得剛剛好！

異國奶茶風味甜甜圈

材料（6個份）

【WET】

豆乳……110ml

楓糖漿……60ml

菜籽油……30ml

【DRY】

低筋麵粉……150g

杏仁粉……20g

印度拉茶的茶葉（茶包）……1小匙

鹽……1小撮

泡打粉……1/2大匙

餡料・核桃……16g

紅茶糖霜

豆乳……60ml

可可脂……27g

楓糖漿……20ml

寒天粉……1小匙

伯爵紅茶粉……1/2小匙

準備

- 烤箱預熱至180℃。
- 在甜甜圈模具內部，塗上一層薄薄的菜籽油（份量外）。
- 將核桃鋪放在烤盤上，放入烤箱以180℃烘烤4至5分鐘後，取出切成粗粒狀。

製作方法（請參見p.12至p.13的製作方法）

1. 將【WET】材料放入調理盆中攪拌。
2. 將【DRY】材料過篩到空調理盆中。
3. 將步驟**1**與步驟**2**混合攪拌至無粉末狀態，再倒入核桃一起攪拌。
4. 將步驟**3**的材料分別入模，並以手指將麵團的表面抹平。
5. 將步驟**4**的材料放入烤箱，以180℃約烘烤20分鐘。放涼脫模後，再放置至完全冷卻。
6. 製作紅茶糖霜（糖霜作法請參考p.23）。將糖霜的材料依序放入鍋中加熱，並持續攪拌至滑順。
7. 步驟**6**的材料稍微煮開後熄火，趁熱淋在甜甜圈上，靜置至凝固即可。

白巧克力&抹茶甜甜圈

材料（6個份）

【WET】

豆乳……150ml

楓糖漿……70ml

菜籽油……30ml

【DRY】

糙米粉……100g

米粉……100g

杏仁粉……2小匙

抹茶……1大匙

鹽……1小撮

泡打粉……2小匙

餡料・角豆片……1大匙（11g）

白巧克力糖霜

豆乳……110ml

可可脂……40g

龍舌蘭糖漿……35g（35ml）

寒天粉……3/4小匙

香草萃取液……1/2小匙

準備

- 烤箱預熱至180℃。
- 在甜甜圈模具內部，塗上一層薄薄的菜籽油（份量外）。

製作方法（請參見p.12至p.13的製作方法）

1. 將【WET】材料放入調理盆中攪拌。
2. 將【DRY】材料過篩到空調理盆中。
3. 將步驟**1**與步驟**2**混合攪拌至無粉末狀態，再倒入角豆片一起攪拌。
4. 將步驟**3**的材料分別入模，並以手指將麵團的表面抹平。
5. 將步驟**4**的材料，放入180℃的烤箱，約烘烤20分鐘。放涼脫模後，再放置至完全冷卻。
6. 製作白巧克力糖霜（糖霜作法請參考p.23）。將材料依序放入鍋中加熱，並持續攪拌至滑順。
7. 讓步驟**6**的材料稍微煮開後熄火，趁熱淋在甜甜圈上，靜置至凝固即可。

保存方式

請在烤焙當日食用完畢，或以保鮮膜包妥，放入冰箱冷凍或冷藏保存，食用前可置於室溫下自然解凍。

摩卡巧克力＆玄米甜甜圈

在肉桂穀物咖啡的甜甜圈上，淋上以角豆粉製成的巧克力糖霜，
低糖少油烘焙，呈現出顆粒的口感。

材料（6個份）

【WET】

豆乳……150ml

楓糖漿……60ml

菜籽油……20ml

【DRY】

糙米粉……100g

米粉……100g

杏仁粉（帶皮）……35g

肉桂粉……2小匙

穀物咖啡（粉）……2大匙

鹽……1小撮

泡打粉……2小匙

巧克力糖霜

豆乳……45ml

角豆片……2大匙（22g）

甜菜糖……1大匙

寒天粉……1/2小匙

準備

・烤箱預熱至180℃。

・在甜甜圈模具內部，塗上一層薄薄的菜籽油（份量外）。

穀物咖啡

以大麥與稞麥等煎焙製成，不含咖啡因，味道比咖啡豆更加清爽。

保存方式

請在烤焙當日食用完畢，或以保鮮膜包妥，放入冰箱冷凍保存即可。食用前可置於室溫下自然解凍。以米粉作成的甜點，不建議以冷藏方式保存，冷藏會讓水分散佚，使口感變得乾硬。

製作方法（請參見 p.12 至 p.13 的製作方法）

1. 將【WET】材料放入調理盆中攪拌。
2. 將【DRY】材料過篩到空調理盆中。
3. 將步驟 **1** 加入步驟 **2** 一起攪拌。
4. 將步驟 **3** 的材料分別入模，並以手指將麵團的表面抹平。
5. 將步驟 **4** 的材料放入180℃的烤箱，約烘烤20分鐘。放涼脫模後，再放置至完全冷卻。
6. 製作巧克力糖霜（糖霜作法請參考p.23）。將材料依序放入鍋中加熱，並持續攪拌至滑順。
7. 讓步驟 **6** 的材料稍微煮開之後熄火，趁熱將之淋在甜甜圈上，靜置至凝固即可。

檸檬豆乳甜甜圈

在麵團與糖霜中加入檸檬以提升甜點的風味，
可品嚐出米粉甜點特有的Q彈口感與檸檬的微酸清香。

材料（6 個份）

【WET】
豆乳……150ml
楓糖漿……70ml
菜籽油……40ml

【DRY】
米粉……200g
杏仁粉……40g
鹽……1小撮
泡打粉……2小匙

餡料・檸檬皮（磨碎）……3/4個份

檸檬糖霜
水……20ml
豆乳……20ml
可可脂……20g
檸檬汁……1大匙
檸檬皮（磨碎）……1/4個份
寒天粉……3/4小匙

準備
・烤箱預熱至180℃。
・在甜甜圈模具中，塗上一層薄薄的菜籽油（份量外）。

保存方式

請在烤焙當日食用完畢，或以保鮮膜包妥，放入冰箱冷凍保存即可。食用前可置於室溫下自然解凍。以米粉作成的甜點，不建議以冷藏方式保存，冷藏會讓水分散佚，使口感變得乾硬。

製作方法（請參見 p.12 至 p.13 的製作方法）

1. 將【WET】材料放入調理盆中攪拌。
2. 將【DRY】材料過篩到空調理盆中。
3. 將步驟 **1** 與步驟 **2** 混合攪拌至無粉末狀態，再倒入檸檬皮一起攪拌。
4. 將步驟 **3** 的材料分別入模，並以手指將麵團的表面抹平。
5. 將步驟 **4** 的材料放入烤箱，以180℃約烘烤20分鐘。放涼脫模後，再放置至完全冷卻。
6. 製作檸檬糖霜（糖霜作法請參考p.23）。將材料依序放入鍋中加熱，並持續攪拌至滑順。
7. 讓步驟 **6** 的材料稍微煮開後熄火，趁熱將之澆淋在甜甜圈上，靜置至凝固即可。

Roll Cakes

不含蛋、乳製品、白砂糖，偶爾小麥粉也可以米粉取代喔！

鬆軟綿密の瑞士捲

在濕潤蛋糕裡包裹著入口即化的美味奶油，
不添加蛋或乳製品，也能作出外表蓬鬆、內餡順口滑嫩、
口感道地的瑞士捲，健康低卡又美味！

草莓瑞士捲（p.30）

瑞士捲的基本製作法

製作瑞士捲外層的海綿蛋糕，完全不需要繁複的打發或技巧。只要把**【DRY】（粉類）**倒入**【WET】（液體類）**中均勻攪拌，再放入烤箱烘烤就OK了！在此製作奶油餡時，是以豆腐來取代鮮奶油。

草莓巧克力瑞士捲

材料（長 27cm× 高約 7cm，一條份）

【WET】

豆乳……105ml

楓糖漿……75ml

菜籽油……60ml

100%蘋果汁……60ml

【DRY】

低筋麵粉……150g

可可粉……10g

鹽……1小撮

泡打粉……1/2大匙

奶油

木棉豆腐……1塊（瀝乾狀態約260g）

水……75ml

楓糖漿……60ml

檸檬汁……1/2個份

香草萃取液……1小匙

菜籽油……1小匙

白蘭地……1小匙

寒天粉……3g

鹽……1小撮

餡料・草莓……1/3盒

1

將製作奶油的材料拌勻

豆腐瀝乾水分後，放入食物調理機中攪拌成泥狀，再依序倒入奶油的其他材料，持續攪拌至呈滑順狀。

2

奶油加熱煮沸

將步驟1的材料倒入鍋中加熱，煮開後繼續沸騰約30秒，讓寒天煮至溶解後熄火，再倒入平底方盤等容器內降溫至室溫，最後放入冰箱冷藏約30分鐘。

寒天若是煮開後未加充分溶解就無法凝結。

3

將奶油攪拌滑順

將步驟2的材料再倒入食物調理機中攪拌至滑順後，放入冰箱冷藏。

從冰箱取出冷卻變硬的材料再加以攪拌，經兩次攪拌的材料，其口感就像打發過的奶油一樣。

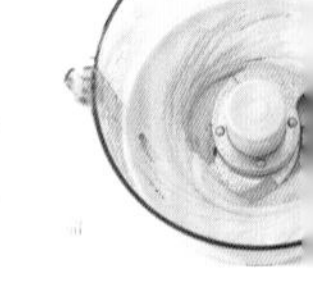

7

烤焙麵團，冷卻放涼使用

把材料倒入鋪好烘焙紙的瑞士模內，以刮板（刮刀）等工具將表面整平後，連同模具放置於烤盤上，放入預熱至200℃的烤箱，烘烤約10分鐘，烘焙出爐後，靜置於網架上放涼冷卻。

8

成型作業

先將烤好的蛋糕體自烘焙紙取下備用。在蛋糕起捲處，淺切3道刀痕，每道間隔2cm。將奶油均勻抹在蛋糕體上，在起捲處鋪上餡料，層層捲起後，以保鮮膜包妥，放入冰箱冷藏約3小時備用。

模具

27cm×27cm的瑞士捲模

準備

- 以烘焙紙把豆腐包起來，若有壽司捲簾也可將之捲起，以較輕的壓重物輕壓其上，靜置數個鐘頭到一晚，把水分瀝乾。
- 將烘焙紙鋪在瑞士模上。
- 草莓去蒂後，將較大顆的草莓切對半使用。
- 烤箱預熱至180℃。

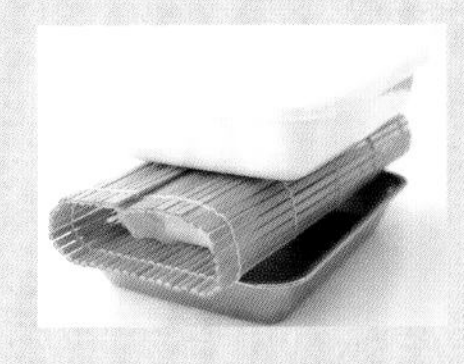

放置在平底方盤或碟子上，將較輕的壓重物輕壓其上以瀝乾水分。

保存方式

勿置於常溫下超過24小時。若無法當天食用完畢，請以保鮮膜包妥，以冷藏方式保存，並在2至3日內食用完畢。

4 將WET的材料拌勻

將【WET】材料倒入調理盆，以攪拌器攪拌均勻。

材料處在分離狀態，大致加以攪拌均勻即可。

 將DRY的材料拌勻

把多用途網篩架在空調理盆（稍大者為佳）上，再倒入【DRY】材料，以攪拌器一邊攪拌一邊過篩到調理盆中。

以攪拌器在濾網當中來回攪拌過篩，作業起來相當快速。

 WET＋DRY

將步驟4的【WET】倒入步驟5的【DRY】中，以橡皮刮刀攪拌至無粉末狀態。

若麵團出現結塊現象，可以橡皮刮刀在調理盆當中加以按壓。

瑞士捲的捲法

塗上奶油（起捲處稍厚、尾端稍薄）。在起捲處鋪上草莓。

以擀麵棒等工具，從起捲處的側邊，把烘焙紙與材料一起抬起。

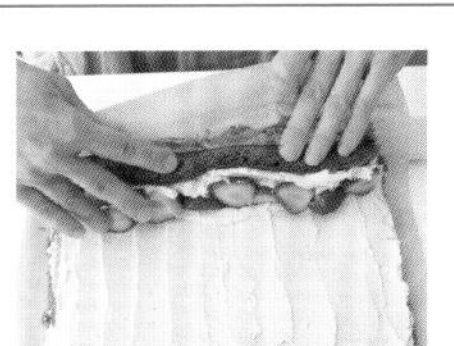

一開始盡量捲小一些，把它當作芯材層層捲起。

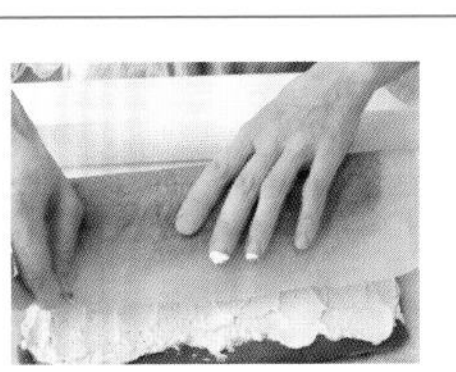

將瑞士捲往下輕輕按壓，以烘焙紙包妥之後以保鮮膜捲起，以固定其形狀。

櫻花紅麴瑞士捲

在麵團中揉入了紅麴粉，作成淡粉色的海綿蛋糕，
利用櫻花葉裡的香氣與鹹味，引出甜點的甘甜好味，在料理教室也廣受好評，
一起來作這款讓四季都清爽起來的瑞士捲吧！

材料（長27cm× 高約7cm，一條份）

【WET】
豆乳……115ml
楓糖漿……80ml
菜籽油……55ml
100%蘋果汁……50ml
紅麴粉……1/3至1/2小匙

【DRY】
低筋麵粉……160g
鹽……1小撮
泡打粉……1/2大匙

餡料・櫻花葉（鹽漬）……2片

奶油
木棉豆腐……1塊（瀝乾狀態約260g）
米香餅……1片
楓糖漿……60ml
香草萃取液……1/2小匙
Tahini（或白芝麻醬）……1小匙
鹽……1小撮

裝飾配品・櫻花（鹽漬）……適量

準備
- 以烘焙紙將豆腐包起來，若有壽司捲簾也可將之捲起，以較輕的壓重物輕壓其上，靜置數個小時至一晚，將水分瀝乾。
- 將櫻花的花葉浸水去除鹽分後，再將葉片切成絲狀。
- 將烘焙紙鋪在瑞士模上。
- 烤箱預熱至200℃。

米香餅（糙米製）
米香餅藉著吸收豆腐中的水分，來達到適度勾芡的效果，不添加寒天就能輕鬆作出香噴噴的奶油。

製作方法（請參見p.30至p.31的製作方法）

1. 【製作奶油】先將米香餅剝成數塊，放入食物調理機中打細，接著放入豆腐繼續攪拌，最後再放入剩餘材料，並持續攪拌至滑順狀。
2. 紅麴粉先以些許豆乳稀釋溶解後，與【WET】其他材料放入調理盆中進行攪拌。
3. 將【DRY】材料過篩到空調理盆中。
4. 將步驟**2**與步驟**3**混合攪拌至無粉末狀態後，再加入櫻花葉拌勻。
5. 將步驟**4**入模後放入烤箱，以200℃烘烤約10分鐘，脫模後放涼冷卻。
6. 進行成形作業（瑞士捲的捲法請參見p.31），將步驟**1**的奶油均勻塗抹在蛋糕體上，接著捲起蛋糕包裹奶油，將完成的瑞士捲放入冰箱冷藏約兩小時，取出後放上櫻花作裝飾。

米香餅奶油的製作方法

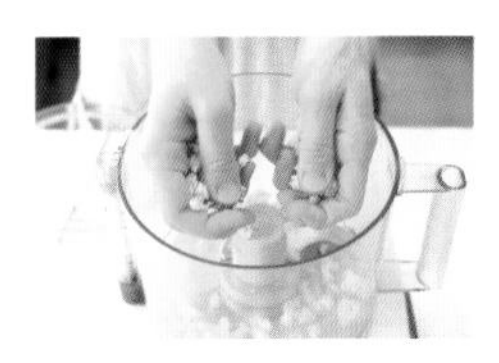

1 將米香餅細細剝開，放入食物調理機內。

再將瀝乾水分的豆腐，倒入調理機中一起攪拌，接著倒入剩餘的材料。

材料經過充分攪拌後，呈現滑順的狀態即表示完成。

保存方式

勿放置於常溫下超過一日。若無法烘焙當日享用，請以保鮮膜包妥，放入冰箱冷藏保存，並且在2至3日內食用完畢。

椰香芒果瑞士捲

以蓬鬆的原味海綿蛋糕包裹濃郁的椰子奶油，
再加入熬煮過的糖煮水果，便成了美味的下午茶點心。

材料（長 27cm× 高約 7cm，一條份）

【WET】

豆乳……175ml

楓糖漿……85ml

菜籽油……45ml

【DRY】

低筋麵粉……160g

鹽……1小撮

泡打粉……1/2大匙

奶油

木棉豆腐……1塊（瀝乾狀態約260g）

椰奶……120ml

楓糖漿……90ml

寒天粉……1/2小匙

鹽……1小撮

糖煮芒果

芒果果肉（新鮮或冷凍皆可）……150g

100％蘋果汁……70ml

鹽……1小撮

葛粉、水……各2小匙

裝飾配品・椰絲……適量

準備

- 以烘焙紙將豆腐包起來，若有壽司捲簾也可將之捲起，以較輕的壓重物輕壓其上，靜置數個鐘頭至一晚，將水分瀝乾。
- 將烘焙紙鋪在瑞士模上。
- 烤箱預熱至200℃。

保存方式

勿放置於常溫下超過一日。若無法烘焙當日享用，請以保鮮膜包妥，放入冰箱冷藏保存，並且在2至3日內食用完畢。

製作方法（請參見 p.30 至 p.31 的製作方法）

1. **【製作糖煮芒果】**將芒果、蘋果汁和鹽倒入鍋中煮3分鐘，再將葛粉和水（份量內）拌勻後，倒入鍋中加以勾芡後，靜置至凝固即可。
2. **【製作奶油】**將材料依序放入食物調理機攪拌。
3. 將步驟 **2** 的材料移入鍋中煮沸30分鐘後熄火，靜置待涼再放入冰箱冷藏30分鐘，取出後以食物調理機再次攪拌。
4. 將【WET】材料放入調理盆中攪拌。
5. 將【DRY】材料過篩到空調理盆中。
6. 將步驟 **4** 與步驟 **5** 混合攪拌至無粉末狀態。
7. 將步驟 **6** 入模後放入烤箱，以200℃烘烤約10分鐘，脫模後放涼冷卻。
8. 進行成型作業（瑞士捲的捲法請參見p.31），將步驟 **3** 的奶油，均勻塗抹在蛋糕體上，再放上糖煮芒果後捲起，接著放入冰箱冷藏約兩個小時。
9. 取出後撒上修飾用的椰絲，便大功告成。

栗子摩卡瑞士捲

咖啡風味的海綿蛋糕，內層夾著甘栗與滿滿的奶油。
穀物咖啡的香氣溫潤，不致搶去奶油與栗子的味道。使用甘栗製作，非常方便。

材料（長27cm× 高約7cm，一條份）

【WET】
豆乳……130ml
楓糖漿……90ml
100%蘋果汁……65ml
菜籽油……60ml

【DRY】
低筋麵粉……160g
穀物咖啡（粉）……1大匙
抹茶粉……1大匙
鹽……1小撮
泡打粉……1/2大匙

奶油
木棉豆腐……1塊（瀝乾狀態約260g）
米香餅（糙米製）……一片
楓糖漿……60ml
香草萃取液……1/2小匙
Tahini（或白芝麻醬）……1小匙
鹽……1小撮

餡料・甘栗……80g

準備
- 以烘焙紙將豆腐包起來，若有壽司捲簾也可將之捲起，以較輕的壓重物輕壓其上，靜置數個小時至一晚，將水分瀝乾。
- 將烘焙紙鋪在瑞士模上。
- 烤箱預熱至200℃。
- 將甘栗對半切開。

保存方式

勿放置於常溫下超過一日。若無法烘焙當日享用，請以保鮮膜包妥，放入冰箱冷藏保存，並且在2至3日內食用完畢

製作方法（請參見p.30至p.31的製作方法）

1 **【製作奶油】**先將米香餅剝成數塊，放入食物調理機中打細，接著放入豆腐繼續攪拌，最後再放入剩餘材料，並持續攪拌至滑順狀。
2 將【WET】材料放入調理盆中攪拌。
3 將【DRY】材料過篩到空調理盆中。
4 將步驟**2**與步驟**3**混合攪拌至無粉末狀態。
5 將步驟**4**入模後放入烤箱，以200℃烘烤約10分鐘，脫模後讓其冷卻。
6 進行成形作業（瑞士捲捲法請參閱p.31），將步驟**1**的奶油，均勻塗抹在蛋糕體上，放上甘栗後捲起，接著放入冰箱冷藏約兩個小時。

抹茶地瓜瑞士捲

將盛滿豆子的奶油裏入抹茶海綿蛋糕裡的，是一款日式風味的瑞士捲。
地瓜奶油冷卻後變硬，因此漂亮成形的祕訣在於確實地將材料煮軟。

材料（長 27cm× 高約 7cm，一條份）

【WET】
豆乳……180ml
楓糖漿……85ml
菜籽油……45ml

【DRY】
低筋麵粉……160g
抹茶粉……1大匙
鹽……1小撮
泡打粉……1/2大匙

地瓜奶油
白腎豆（別名菜豆，使用煮過的白腎豆）……1/2杯
地瓜……1條
米飴……3至4大匙
水……適量
鹽……1小撮

準備
- 將白腎豆以水（份量外）浸泡一晚後，放入鍋中以滾水約煮1個小時，煮至軟化，若使用壓力鍋，則加壓煮開10分鐘後，靜置完全冷卻後使用。
- 將烘焙紙鋪在瑞士模上。
- 烤箱預熱至200℃。

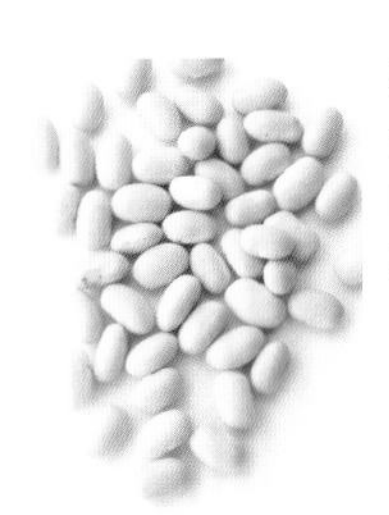

白腎豆（菜豆）
種子顏色為白色的四季豆，為白餡的材料。也被稱作白四季豆。

保存方式

勿放置於常溫下超過一日。若無法烘焙當日享用，請以保鮮膜包妥，放入冰箱冷藏保存，並且在2至3日內食用完畢。

製作方法（請參見 p.30 至 p.31 的製作方法）

1. **【製作地瓜奶油】**將地瓜連皮切成厚約7mm至8mm的半月形，放入鍋中再倒入可覆蓋材料的水量進行熬煮。煮至軟化後稍稍搗碎（保留形狀），再加入米飴與鹽一起攪拌，熄火後倒入白腎豆拌勻，將材料平鋪在平底方盤上，靜置至完全冷卻。
2. 將【WET】材料放入調理盆中攪拌。
3. 將【DRY】材料過篩到空調理盆中。
4. 將步驟 **2** 與步驟 **3** 混合攪拌至無粉末狀態。
5. 將步驟 **4** 入模後放入烤箱，以200℃烘烤約10分鐘，脫模後讓其冷卻。
6. 進行成型作業（瑞士捲的捲法請參閱p.31），將步驟 **1** 的奶油，均勻塗抹在蛋糕體上，接著捲起蛋糕包裹奶油，將完成的瑞士捲放入冰箱冷藏約兩小時。

將100g乾白腎豆放入水中浸泡一晚，再倒入地瓜奶油鍋中一起拌煮。份量可以多煮一些，製作瑞士捲剩餘的餡料可放入冰箱冷凍保存。

地瓜奶油的製作方法

地瓜以水煮軟後稍加搗碎（保留形狀），再加入米飴與鹽，一邊拌煮一邊讓多餘的水分蒸發。

待熬煮成稀薄的稠狀後，倒入煮好的白腎豆一起攪拌。

這樣就大功告成了。材料冷卻後會變硬，因此請熬煮成舀起會往下滴的濃稠度即可。

Chiffon Cakes

不含蛋、乳製品、白砂糖，偶爾小麥粉也可以米粉取代喔！

自然風味の戚風蛋糕

每當我介紹起這款不含蛋與乳製品的戚風蛋糕時，
大家都覺得非常不可思議。
因為省略了蛋糕的打發程序，口感比一般戚風蛋糕來得扎實，
吃起來不似綿花糖般蓬鬆，
但完成品卻非常濕潤綿密，還能品嚐出麵粉的美味。

原味戚風蛋糕（p.40）

戚風蛋糕的基本製作方法

作法就像一般戚風蛋糕的製作方式，但在此省略了繁複的打發程序。製作此款戚風蛋糕需要多量的水分，因此分兩次添加豆乳以增加其濕潤濃郁的口感。

原味戚風蛋糕

材料（直徑 17cm 的戚風蛋糕模，一個份）

【WET】

豆乳……100ml（第一次添加用）
楓糖漿……120ml
100％蘋果汁……95ml
菜籽油……40ml
香草萃取液……5ml

【DRY】

低筋麵粉……152g
全麥低筋麵粉……64g
杏仁粉……32g
鹽……1小撮
泡打粉……20ml（1大匙＋1小匙）

準備

・烤箱預熱至180℃。

1

將【WET】材料拌勻

將【WET】材料放入調理盆中，以橡皮刮刀充分攪拌。

2

將【DRY】材料拌勻

將多用途網篩架在空調理盆（稍大者為佳）上，再倒入【DRY】材料，以攪拌器一邊攪拌一邊過篩到調理盆中。

以攪拌器在濾網中來回攪拌過篩，作業起來會比較快速。

3

WET＋DRY＋第二次添加用的豆乳

將步驟 1 的【WET】倒入步驟 2【DRY】裡，以橡皮刮刀充分攪拌至無粉末狀態，接著倒入第二次添加用的豆乳持續攪拌至滑順。

因麵團的含水量高容易產生粉塊，將豆乳分兩次倒入（作法 1 與 3 ），以改善結塊的現象。

5

入箱烘烤

將步驟 4 的材料放在烤盤上，放入烤箱以180℃烘烤10分鐘後，將溫度調降至170℃繼續烘烤22分鐘。

6

放涼冷卻

將模具倒扣之後放涼（將中間凸出的部分，豎立在舒芙蕾模具上）。靜置約15分鐘，待降至手能觸摸的溫度時，以戚風蛋糕專用刮刀，沿蛋糕側面刮開，倒扣在網架上，輕輕脫模後取下底板，再靜置至完全冷卻。

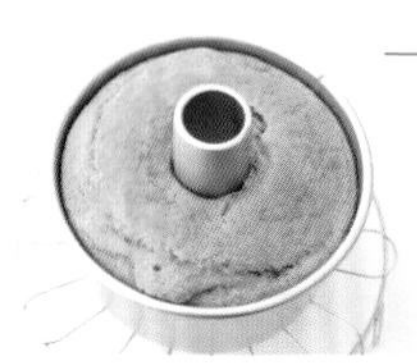

烤焙完成

戚風蛋糕的專用工具

模具

直徑17cm的戚風蛋糕模

戚風蛋糕專用刮刀

插入蛋糕與模具間以進行脫模時使用。刀身的寬幅較窄且有彈性，因此能脫模得相當漂亮，若手邊無專用刮刀，可使用較長的餐刀取代。

戚風蛋糕專用網架

可將戚風蛋糕模中間的突起部分，倒扣在網架的凹洞中，進行冷卻。

以原味戚風的作法，使用不同麵粉製作的

蕎麥戚風蛋糕

材料（直徑 17cm 的戚風蛋糕模，一個份）

【WET】

豆乳……100ml（第一次添加用）
楓糖漿……40ml
100％蘋果汁……80ml
菜籽油……45ml
甜菜糖……40g

【DRY】

低筋麵粉……200g
蕎麥粉……48g
鹽……1小撮
泡打粉……20ml（1大匙＋1小匙）

豆乳……100ml（第二次添加用）

製作方法

作法與原味戚風蛋糕相同。

保存方式

請於烤焙當日食用完畢，或以保鮮膜包妥，放入冰箱冷凍或冷藏保存，食用前可置於室溫下自然解凍。

入模

將步驟 3 的材料倒入戚風蛋糕模裡。

＊製作出能往下滴的高含水量麵團，便可烘焙出質地柔軟的麵包體。

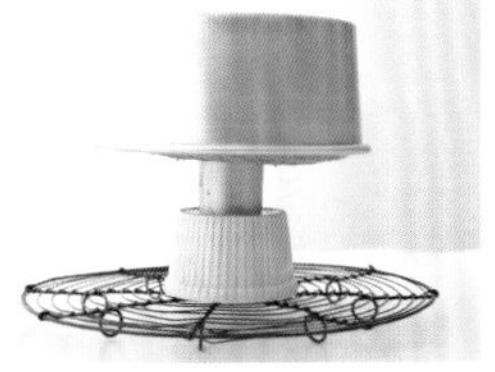

使用戚風蛋糕專用網架，作業起來會更加方便。

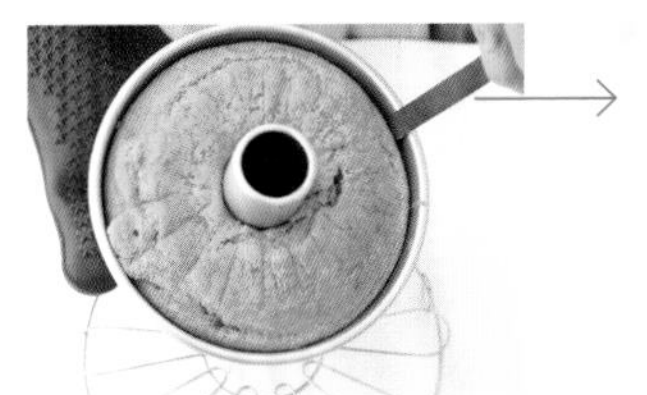

以戚風蛋糕專用刮刀沿著蛋糕邊緣，確實地刮一圈以便蛋糕脫模。

抽出邊框，取下底板。

黑芝麻戚風蛋糕

添加黑芝麻醬烤焙而成，融合了芝麻的香氣與油分，再依您的喜好抹上p.49的奶油，便成了一款散發濃濃芝麻香的美味點心。

材料（直徑 17cm 的戚風蛋糕模，一個份）

【WET】

豆乳……100ml（第一次添加用）

楓糖漿……120ml

100%蘋果汁……80ml

菜籽油……30ml

黑芝麻醬……35ml

【DRY】

低筋麵粉……168g

全麥低筋麵粉……80g

鹽……1小撮

泡打粉……20ml（1大匙＋1小匙）

豆乳……100ml（第二次添加用）

準備

・烤箱預熱至180℃

製作方法（參見 p.40 至 p.41 的製作方法）

1 將【WET】材料放入調理盆中攪拌。
2 將【DRY】材料過篩到空調理盆中。
3 將步驟 1 與步驟 2 混合攪拌至無粉末狀態，再倒入第二次添加用的豆乳進行攪拌。
4 將步驟 3 的材料倒入模具中。
5 將步驟 4 的材料放入烤箱，以180℃烘烤約10分鐘，再接著降溫至170℃繼續烤22分鐘。
6 出爐後將模具倒扣，靜置冷卻約15分鐘。放涼脫模後，再放置至完全冷卻。

因為芝麻醬不易溶解，可先放入調理盆內，倒入少許豆乳稀釋後，再加入其他WET的材料拌勻即可。

保存方式

請於烤焙當日食用完畢，或以保鮮膜包妥後，放入冰箱冷凍或冷藏保存，食用前可置於室溫下自然解凍。

紅茶戚風蛋糕

添加了伯爵紅茶的茶葉粉，作成貼近英式下午茶風味的戚風蛋糕，
也可換成自己喜歡的茶葉製作喔！

材料（直徑 17cm 的戚風蛋糕模，一個份）

【WET】
豆乳……130ml（第一次添加用）
楓糖漿……130ml
菜籽油……45ml

【DRY】
低筋麵粉……216g
杏仁粉……40g
伯爵紅茶葉（茶包）……3至4g
鹽……1小撮
泡打粉……20ml（1大匙＋1小匙）

豆乳……120ml（第二次添加用）

準備
・烤箱預熱至180℃

製作方法（參見 p.40 至 p.41 的製作方法）

1 將【WET】材料放入調理盆中攪拌。
2 將【DRY】材料過篩到空調理盆中。
3 將步驟 **1** 與步驟 **2** 混合攪拌至無粉末狀態，再倒入第二次添加用的豆乳進行攪拌。
4 將步驟 **3** 的材料倒入模具中。
5 將步驟 **4** 的材料放入烤箱，以180℃烘烤約10分鐘，再接著降溫至170℃繼續烤22分鐘。
6 出爐後將模具倒扣，靜置冷卻約15分鐘。放涼脫模後，再放置至完全冷卻。

先放入茶包內的紅茶細末攪拌，再加入較粗的葉片拌勻。

保存方式

請於烤焙當日食用完畢，或以保鮮膜包妥後，放入冰箱冷凍或冷藏保存，食用前可置於室溫下自然解凍。

黑豆＆艾草戚風蛋糕

在擁有美麗綠色與輕爽草香的艾草蛋糕體上，加入些許黑豆點綴，
少了雞蛋與乳製品的蛋糕，使這樣的日式組合更顯得格外可口。

材料（直徑 17cm 的戚風蛋糕模，一個份）

【WET】

豆乳⋯⋯130ml（第一次添加用）

楓糖漿⋯⋯80ml

100％蘋果汁⋯⋯80ml

菜籽油⋯⋯45ml

【DRY】

低筋麵粉⋯⋯216g

全麥低筋麵粉⋯⋯32g

乾燥艾草（粉狀）⋯⋯5g

鹽⋯⋯1小撮

泡打粉⋯⋯20ml（1大匙＋1小匙）

豆乳⋯⋯130ml（第二次添加用）

餡料

黑豆（煮過）⋯⋯70g

準備

- 將黑豆以水（足以覆蓋材料的份量）浸泡一晚後將水瀝乾，再將黑豆放入鍋中，接著倒入可覆蓋材料的水量，以及2cm×2cm的海帶（份量外）一起加熱。煮開後再以小火續煮45分鐘，將黑豆煮至軟化，最後取出海帶，以網篩瀝乾水分。
- 烤箱預熱至180℃。

乾燥艾草（粉狀）

艾草粉多為艾草餅等日式甜點的材料，其香氣濃郁，擁有天然的美麗綠色，因此也很適合用於烤焙甜點。

製作方法（參見 p.40 至 p.41 的製作方法）

1 將【WET】材料放入調理盆中攪拌。
2 將【DRY】材料過篩到空調理盆中。
3 將步驟 **1** 與步驟 **2** 混合攪拌至無粉末狀態，依序加入煮好的黑豆、第二次添加用的豆乳，接著充分攪拌。
4 將步驟 **3** 的材料倒入模具中。
5 將步驟 **4** 的材料放入烤箱，以180℃烘烤約10分鐘，接著降溫至170℃繼續烘烤22分鐘。
6 出爐後將模具倒扣，靜置冷卻約15分鐘。放涼脫模後，再放置至完全冷卻。

取100g乾黑豆放入水中浸泡一晚，再倒入鍋中煮至軟化。若使用壓力鍋，則加壓煮開10分鐘後，靜置完全冷卻後使用。份量可以多煮一些，製作蛋糕的剩餘材料可放入冰箱冷凍保存。

保存方式

請於烤焙當日食用完畢，或以保鮮膜包妥後，放入冰箱冷凍或冷藏保存，食用前可置於室溫下自然解凍。

薰衣草戚風蛋糕

取自香草茶中的薰衣草，拌和在麵團當中，作成超人氣的香草系甜點。
薰衣草的清香宜人與溫潤口感，光是香氣就讓人沉浸在幸福的氛圍……

材料（直徑 17cm 的戚風蛋糕模，一個份）

【WET】
豆乳……110ml（第一次添加用）
楓糖漿……120ml
100％蘋果汁……70ml
菜籽油……40ml
香草萃取液……1小匙
甜菜糖……2大匙

【DRY】
低筋麵粉……130g
全麥低筋麵粉……85g
杏仁粉……30g
鹽……1小撮
泡打粉……20ml（1大匙＋1小匙）

豆乳……110ml（第二次添加用）

餡料
薰衣草（花茶用乾燥花蕾）……1/2大匙

準備
・烤箱預熱至180℃。

薰衣草
使用花茶用乾燥花蕾，可於香草專賣店或網路購買。

保存方式

請於烤焙當日食用完畢，或以保鮮膜包妥後，放入冰箱冷凍或冷藏保存，食用前可置於室溫下自然解凍。

製作方法（參見 p.40 至 p.41 的製作方法）

1 將【WET】材料放入調理盆中攪拌。
2 將【DRY】材料過篩到空調理盆中。
3 將步驟 **1** 與步驟 **2** 混合攪拌至無粉末狀態，再依序加入薰衣草及第二次添加用的豆乳，予以充分攪拌。
4 將步驟 **3** 的材料倒入模具中。
5 將步驟 **4** 的材料放入烤箱，以180℃烘烤約10分鐘，接著降溫至170℃繼續烘烤22分鐘。
6 出爐後將模具倒扣，靜置冷卻約15分鐘。放涼脫模後，再放置至完全冷卻。
7 也可依喜好搭配p.49的奶油。

核桃焙茶戚風蛋糕

焙茶微微的苦味與獨特的香氣搭配核桃的爽脆口感，
是一款富有層次美味的點心，焙茶使用烘焙用焙茶粉即可。

材料（直徑 17cm 的戚風蛋糕模，一個份）

【WET】

豆乳……140ml（第一次添加用）
楓糖漿……80ml
100％蘋果汁……80ml
菜籽油……45ml

【DRY】

低筋麵粉……216g
全麥低筋麵粉……32g
焙茶粉（烘焙用）……4g
鹽……1小撮
泡打粉……20ml（1大匙＋1小匙）

豆乳……130ml（第二次添加用）

餡料・核桃……30g

準備

- 將核桃放在鋪好烘焙紙的烤盤上，放入烤箱以180℃烘烤4至5分鐘後，取出切成粗粒狀。
- 烤箱預熱至180℃。

焙茶粉

焙茶經研磨成粉末製成，烘焙麵包、點心時可添加使用，使用方法與抹茶相同。

保存方式

請於烤焙當日食用完畢，或以保鮮膜包妥後，放入冰箱冷凍或冷藏保存，食用前可置於室溫下自然解凍。

製作方法（參見 p.40 至 p.41 的製作方法）

1 將【WET】材料放入調理盆中攪拌。
2 將【DRY】材料過篩到空調理盆中。
3 將步驟 **1** 與步驟 **2** 混合攪拌至無粉末狀態，再依序加入核桃及第二次添加用的豆乳，予以充分攪拌。
4 將步驟 **3** 的材料倒入模具中。
5 將步驟 **4** 的材料放入烤箱，以180℃烘烤約10分鐘，接著降溫至170℃繼續烘烤22分鐘。
6 出爐後將模具倒扣，靜置冷卻約15分鐘。放涼脫模後，再放置至完全冷卻。

覆盆子醬（左）

以漂亮的寶石紅覆盆子點綴樸實的戚風蛋糕，
品嚐酸甜幸福的好味道。

材料＆製作方法（容易製作的份量）

❶ 將300g覆盆子(新鮮或冷凍皆可）、150g甜菜糖，放入鍋中靜置30分鐘。

❷ 將步驟 ❶ 的材料以中火約煮5分鐘，再加入2小匙檸檬汁、一小撮鹽後，繼續拌煮約7分鐘即可。

大黃果醬（右）

大黃淡雅的酸味，是這款果醬的賣點，
將大黃果醬抹上蛋糕，可引出其中的甘甜滋味。

材料＆製作方法（容易製作的份量）

❶ 取大黃400g（新鮮或冷凍皆可）段切成1cm寬，淋上200g甜菜糖後靜置30分鐘。

❷ 將步驟 ❶ 的材料放入鍋中，以中火約煮7分鐘，再加入半顆份的檸檬汁與一小撮鹽，繼續拌煮3分鐘即可。

果醬＆糖煮水果

草莓巴薩米克醋果醬（左）

草莓青澀的香甜融合了巴薩米克醋微酸，
再添加枸杞帶出成熟迷人的韻味。

材料＆製作方法（容易製作的份量）

❶ 取300g去蒂草莓，淋上120g龍舌蘭糖漿後靜置30分鐘。

❷ 將步驟 ❶ 的材料放入鍋中，以中火約煮5分鐘後，加入一小撮鹽及1小匙巴薩米克醋，繼續煮10分鐘即可。

糖煮蘋果（右）

以熟蘋果及葡萄乾的天然甜味熬製而成，
不須另加甜味材料，吃出蘋果的自然香甜。

材料＆製作方法（容易製作的份量）

❶ 取1整顆蘋果削皮去芯，切成薄片狀。

❷ 在鍋中倒入100%蘋果汁150ml、蘋果片、鹽一小撮、檸檬片2片、肉桂條1條、枸杞與葡萄乾各1大匙，蓋上鍋蓋燜煮，煮至蘋果軟化入味。

❸ 將葛粉、水各2小匙混合攪拌後，倒入步驟 ❷ 內拌煮勾芡即可。

卡士達（左）

以豆乳與米粉製作成的改良版卡士達醬，
若沒有香草棒，也可以香草萃取液代替。

材料＆製作方法（容易製作的份量）

❶ 將豆乳200ml、龍舌蘭糖漿4大匙、鹽一小撮，以及剝開一支香草莢取出的香草籽，一起倒入鍋中稍稍拌煮。

❷ 將米粉4大匙與豆乳90ml攪拌混合，再倒入步驟 ❶ 的材料中拌煮勾芡即可。

白奶油（右）

以豆腐取代乳製品，製成鮮奶油風味的白奶油。

材料＆製作方法（容易製作的份量）

❶ 取木棉豆腐半塊，將水分瀝乾。

❷ 將步驟 ❶ 的材料、楓糖漿2大匙、白蘭地與香草萃取液各1小匙及一小撮鹽倒入食物調理機攪拌即可。

奶油＆醬汁

藍莓果醬（左）

維持藍莓的完整顆粒口感與水嫩感，
須在短時間內加熱完成。

材料＆製作方法（容易製作的份量）

❶ 將藍莓200g、100%蘋果汁100ml、鹽一小撮倒入鍋中，約煮2至3分鐘。

❷ 將葛粉與水各2小匙攪拌混合後，倒入步驟 ❶ 當中拌煮勾芡即可。

粉紅奶油（右）

添加了草莓的夢幻粉紅奶油，
也可使用藍莓或覆盆子，以相同方式製作。

林料＆製作方法（容易製作的份量）

❶ 取木棉豆腐半塊，將水分瀝乾。

❷ 將步驟 ❶ 的材料、楓糖漿2大匙、檸檬汁1大匙、一小撮鹽及些許香草萃取液，依序放入食物調理機內攪拌。

❸ 將草莓70g、100%蘋果汁5大匙及寒天粉1小匙，放入鍋中稍加沸騰。

❹ 將步驟 ❸ 加入步驟 ❷ 中拌勻，再放入冰箱冷藏30分鐘。

❺ 將步驟 ❹ 的材料，放入食物調理機內進行二次攪拌，拌勻後即完成。

Rice Flour Cakes

不含蛋、乳製品、白砂糖，偶爾小麥粉也可以米粉取代喔！

樸實養生の米粉蛋糕

提及米粉作成的甜點，一般人會聯想到像湯圓般的Q彈口感，其實因烘焙方式不同，口感也將隨之出現濕潤、鬆軟、粗糙等各種變化。相較於麵粉，米粉製作的蛋糕更加溫和、輕柔，且更健康無負擔。

薄荷巧克力米粉蛋糕（p.52）

米粉蛋糕的基本製作法

製作程序與前面幾款蛋糕相同，即使以米粉為基材，也不需要繁瑣的技巧，只要將材料拌勻後入模，再放入烤箱烘烤就完成了，作法非常簡單，是一款相當適合初學者製作的蛋糕。

薄荷巧克力米粉蛋糕

材料（15cm×15cm 四方形模，1 個份）

【WET】
豆乳……150ml
100%蘋果汁……100ml
菜籽油……60ml
楓糖漿……50ml
黑芝麻醬……2小匙
豆味噌……1小匙

【DRY】
米粉……150g
可可粉……50g
鹽……1小撮
泡打粉……1/2大匙

餡料
核桃……10g
大麻仁……1小匙
薄荷葉……5g

準備
- 烤箱預熱至170℃。
- 將烘焙紙鋪在模具中。
- 切碎薄荷葉。
- 將核桃放在鋪好烘焙紙的烤盤上，放入烤箱以180℃烘烤4至5分鐘後，取出切成粗粒狀。

1 將【WET】材料拌勻

將【WET】材料放入調理盆中，以橡皮刮刀充分攪拌。

材料處於分離狀態，大致攪拌均勻即可。

2 將【DRY】材料拌勻

將多用途網篩架在空調理盆（稍大者為佳）上，再倒入【DRY】材料，以攪拌器一邊攪拌一邊過篩到調理盆中。

以攪拌器，在濾網當中來回攪拌過篩，作業起來會更快速。

3 WET＋DRY＋餡料

將步驟1的【WET】倒入步驟2的【DRY】裡，以橡皮刮刀充分攪拌至無粉末狀態，再加入核桃、大麻仁及薄荷葉粗略攪拌。

模具

15cm×15cm的四方形模（圖左）或同尺寸的不銹鋼模（圖右）皆可使用。
使用氟樹脂加工材質的模具時，也可不鋪烘焙紙，但鋪上烘焙紙可方便取出或移動麵團。

相同作法、不同材料的

椰香米粉蛋糕

材料（15cm×15cm 四方形模，1 個份）

【WET】

豆乳……150ml

菜籽油……70ml

楓糖漿……70ml

【DRY】

米粉……150g

杏仁粉……50g

椰子粉……10g

肉桂粉……1/2小匙

鹽……1小撮

泡打粉……1大匙

餡料・黑醋栗……30g

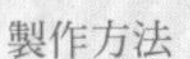

製作方法

請參見薄荷巧克力的製作方法。

保存方式

請於烤焙當日食用完畢，或以保鮮膜包妥，放入冰箱冷凍保存即可。食用前可置於室溫下自然解凍。以米粉作成的甜點，不建議以冷藏方式保存，冷藏會讓水分散佚，使口感變得乾硬。

4 入模

將步驟 3 的材料倒入四方形模內，將表面輕輕抹平。

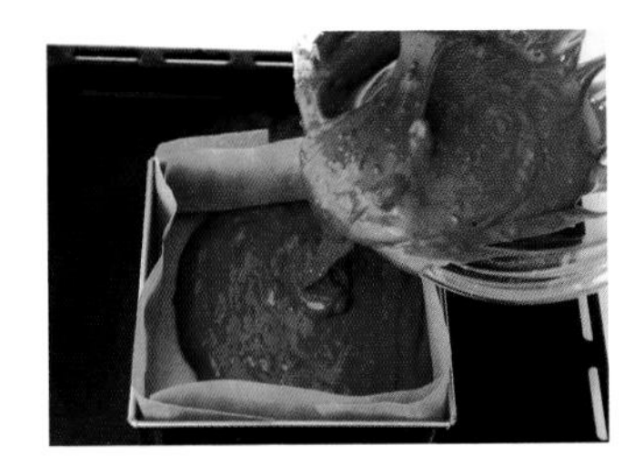

入模時請不要讓麵團溢出模外，並將表面抹平，烤出來的形狀會比較漂亮。

5 入箱烘烤，冷卻放涼使用

將步驟 4 的材料放在烤盤上，以預熱至170℃的烤箱烘烤30分鐘。出爐後提起烘焙紙的邊角進行脫模，將成品置於網架上，放置至完全冷卻。

鋪放烘焙紙的方法

先將烘焙紙剪成底板＋高度的大小，烤盤底板置於烘焙紙的正中央，再裁去圖片中烘焙紙的斜線部分(橫邊+1cm，剪下四個邊角)。

將烘焙紙四個邊角往內摺成一個立體盒型，放入模具中即可。

蘋果米粉蛋糕

米粉融合了食材的甜味與水分，烤出水嫩Q彈的蛋糕，
作法非常簡單，先將糖煮蘋果鋪於底層，接著倒入麵團入箱烘烤，
倒扣脫模後便大功告成了！

材料（15cm×15cm 四方形模，1 個份）

【WET】

豆乳……170ml
菜籽油……80ml
楓糖漿……70ml

【DRY】

米粉……135g
杏仁粉（帶皮）……65g
鹽……1小撮
肉桂粉……1/2小匙
泡打粉……1小匙

餡料

杏仁片……2大匙
黑醋栗……1大匙

糖煮蘋果

蘋果……大的1個
甜菜糖……2大匙
水……約2大匙
鹽、肉桂粉……各少許

準備

・烤箱預熱至170℃。
・在模具中鋪上烘焙紙。

製作方法（請參見 p.52 至 p.53 的製作方法）

1. 【製作糖煮蘋果】將蘋果去皮取芯，切成約一口大小的薄片，放入鍋中加入其他材料後，蓋上鍋蓋以小火燜煮至柔軟。
2. 將【WET】材料放入調理盆中攪拌。
3. 將【DRY】材料過篩到空調理盆中。
4. 將步驟 **2** 與步驟 **3** 混合攪拌至無粉末狀態，再加入杏仁片一起攪拌。
5. 將糖煮蘋果鋪在模具底部，接著倒入步驟 **4** 的材料。
6. 將步驟 **5** 的材料放入烤箱，以170℃約烤30分鐘，出爐後脫模放涼至完全冷卻，再倒扣於盤子上，稍加擺盤即可。

保存方式

請於烤焙當日食用完畢，或以保鮮膜包妥，放入冰箱冷凍保存即可。食用前可置於室溫下自然解凍。以米粉作成的甜點，不建議以冷藏方式保存，冷藏會讓水分散佚，使口感變得乾硬。

無花果牛奶米粉蛋糕

以椰奶代替豆乳烘烤而成，米粉與椰奶的味道相當契合，
可調和出牛奶蛋糕般的濃醇香。

材料（15cm×15cm 四方形模，1 個份）

【WET】

椰奶……120ml

100%蘋果汁……100ml

菜籽油……50ml

楓糖漿……75ml

檸檬汁……2小匙

【DRY】

米粉……250g

鹽……1小撮

泡打粉……2小匙

檸檬皮（磨碎）……1個份

裝飾配品

無花果乾……大的3個

準備

- 烤箱預熱至160℃。
- 在模具中鋪上烘焙紙。
- 無花果乾切成4至6等分。

製作方法（請參見 p.52 至 p.53 的製作方法）

1. 將【WET】材料放入調理盆中攪拌。
2. 將【DRY】材料放入另一個稍大的空調理盆中。
3. 將步驟 **1** 加入步驟 **2** 拌勻。
4. 將步驟 **3** 的材料入模，再依間隔填入無花果乾。
5. 將步驟 **4** 的材料放入烤箱，以160℃約烘烤32分鐘，脫模後放涼至完全冷卻。

保存方式

請於烤焙當日食用完畢，或以保鮮膜包妥，放入冰箱冷凍保存即可。食用前可置於室溫下自然解凍。以米粉作成的甜點，不建議以冷藏方式保存，冷藏會讓水分散佚，使口感變得乾硬。

Rice Flour Cakes

玫瑰覆盆子米粉蛋糕

將充滿玫瑰茶香的糖霜淋在覆盆子蛋糕上，
輕咬一口，玫瑰的香氣便沁滿整個口中，
真是一道充滿浪漫氛圍的甜點，
下午茶會時，就派它豐富您的餐桌吧！

材料（直徑 7cm 的馬芬模，6 個份）

【WET】

豆乳……170ml

菜籽油……50ml

楓糖漿……80ml

香草萃取液……1/2小匙

【DRY】

米粉……140g

杏仁粉（帶皮）……60g

鹽……1小撮

泡打粉……1小匙

餡料

覆盆子（乾燥）……60g

玫瑰糖霜

豆乳……100ml

食用玫瑰（花茶用乾燥花蕾）……3朵

可可脂……20g

龍舌蘭糖漿……25ml

寒天粉……3/4小匙

天然紅麴……1/4小匙

食用玫瑰（花茶用乾燥花蕾）……適量

準備

- 烤箱預熱至170℃。
- 將製作馬芬專用的烘焙紙杯放入馬芬模中。

乾燥食用玫瑰

使用泡玫瑰茶的食用玫瑰，可於香草 賣店或網路購買。

製作方法（請參見 p.52 至 p.53 的製作方法）

1. 將【WET】材料放入調理盆中攪拌。
2. 將【DRY】材料過篩至另一個稍大的調理盆中。
3. 將步驟 **1** 與步驟 **2** 混合攪拌至無粉末狀態，再倒入覆盆子一起攪拌。
4. 將步驟 **3** 的材料倒入模具中。
5. 將步驟 **4** 的材料放入烤箱，以170℃烘烤約25分鐘，出爐後置於網架上，靜置至完全冷卻。
6. **【製作玫瑰糖霜】**將約2大匙的豆乳與紅麴攪拌混合至充分溶解，再將剩下的豆乳、食用玫瑰倒入鍋中加熱煮沸，煮至玫瑰香氣入味後撈出玫瑰，接著依序加入剩下的材料繼續拌煮至溶解，最後倒入紅麴液拌勻，稍加煮沸之後便可熄火。
7. 將糖霜趁熱淋在蛋糕上，在糖霜尚未凝結之前，插入裝飾用玫瑰，最後靜置於網架上待涼。

玫瑰糖霜的製作方法

因紅麴粉不易溶解，可先加入些許豆乳稀釋溶解。

將剩下的豆乳、食用玫瑰倒入鍋中，以文火煮開約3分鐘，讓香氣滲入材料裡。

撈出玫瑰花蕾後，加入可可脂，待其溶解後再依序加入其餘材料。

倒入紅麴液充分拌煮，煮開後續煮約30秒即可熄火。

保存方式

請於烤焙當日食用完畢，或以保鮮膜包妥，放入冰箱冷凍保存即可。食用前可置於室溫下自然解凍。以米粉作成的甜點，不建議以冷藏方式保存，冷藏會讓水分散佚，使口感變得乾硬

柑橘巧克力米粉蛋糕

甜潤口感的糖漬橘皮搭配濃郁濕潤的巧克力蛋糕，
吃起來就像生巧克力、熔岩巧克力蛋糕般美味。

材料（15cm×15cm 的四方形模，1 個份）

【WET】
豆乳……160ml
楓糖漿……70ml
100％橘子汁……70ml
菜籽油……60ml
豆味噌……1小匙

【DRY】
米粉……150g
可可粉……60g
角豆粉……40g
鹽……1小撮
泡打粉……1/2大匙

餡料
糖漬橘皮（作法參閱p.17）……1/2量杯

準備
- 製作糖漬橘皮。
- 烤箱預熱至170℃。
- 將烘焙紙鋪在模具中。

製作方法（請參見 p.52 至 p.53 的製作方法）

1 將【WET】材料放入調理盆中攪拌，因豆味噌不易溶解，可先加入一些豆乳稀釋後，和入材料中一起攪拌。
2 將【DRY】材料過篩至另一個稍大的調理盆中。
3 將步驟 **1** 與步驟 **2** 混合攪拌至無粉末狀態，再倒入糖漬橘皮一起攪拌。
4 將步驟 **3** 的材料倒入模具中。
5 將步驟 **4** 的材料放入烤箱，以170℃約烘烤30分鐘，脫模後放涼冷卻。

在製作麵團的最後一道程序中加入糖漬橘皮，大致攪拌混合即可。

保存方式

請於烤焙當日食用完畢，或以保鮮膜包妥，放入冰箱冷凍保存即可。食用前可置於室溫下自然解凍。以米粉作成的甜點，不建議以冷藏方式保存，冷藏會讓水分散佚，使口感變得乾硬。

紅酒椰棗米粉蛋糕

製作方法雖與其他米粉蛋糕無異，但此款蛋糕將約半量的豆乳換成紅酒，
再撒入肉桂粉增添香氣，是一款極富大人味蛋糕。
最後放上與紅酒口感契合的椰棗作為裝飾配品，也更提升一層風味。

材料（15cm×15cm 的四方形模，1 個份）

【WET】

紅酒……90ml

豆乳……70ml

楓糖漿……60ml

菜籽油……50ml

【DRY】

米粉……150g

杏仁粉（帶皮）……50g

肉桂粉……1小匙

鹽……1小撮

泡打粉……2小匙

裝飾配品

椰棗……9顆

薄殼山核桃……9顆

準備

・將烤箱預熱至170℃。

・將烘焙紙鋪入模具中。

椰棗

為生長於沙漠綠洲中的椰棗樹果實，果乾香甜，口感黏稠，含有豐富的鐵質與礦物質。

保存方式

請於烤焙當日食用完畢，或以保鮮膜包妥，放入冰箱冷凍保存即可。食用前可置於室溫下自然解凍。以米粉作成的甜點，不建議以冷藏方式保存，冷藏會讓水分散佚，使口感變得乾硬。

製作方法（請參見 p.52 至 p.53 的製作方法）

1 將【WET】材料放入調理盆中攪拌。
2 將【DRY】材料過篩至另一個稍大的調理盆中。
3 將步驟 **1** 加入步驟 **2** 混合攪拌。
4 將步驟 **3** 的材料倒入模具後，在麵團上方填塞些許椰棗與薄殼山核桃。
5 將步驟 **4** 的材料放入烤箱，以170℃約烘烤30分鐘，脫模後放涼至完全冷卻。

開心果奶酥米粉蛋糕

將開心果粉和入麵團裡，淋上麥片或葵花子奶酥入箱烘烤，
最後再夾入新鮮可口的果醬，作成口感略粗的香濃爽口甜點。

材料（長 27cm× 高約 7cm，一條份）

【WET】
豆乳……150ml
100%蘋果汁……100ml
菜籽油……70ml
楓糖漿……45ml
甜菜糖……2大匙

【DRY】
米粉……150g
開心果……120g
鹽……1小撮
泡打粉……1/2小匙

奶酥
米粉……18g（1/4量杯）
麥片……20g（1/4量杯）
葵花子……1大匙
肉桂粉、肉豆蔻粉……各1/8小匙
鹽……1小撮
菜籽油、楓糖漿……各2½小匙

手作喜歡的果醬（作法參見p.48覆盆子果醬）
……適量

準備
・烤箱預熱至170℃。
・將烘焙紙鋪放在模具上。

開心果粉
呈現清雅的綠色，口感帶有開心果的堅果風味，製作上與米粉相當契合，是一款使用方便且非常容易操作的食材。

製作方法（請參見 p.52 至 p.53 的製作方法）

1 **【製作奶酥】**將奶酥的全部材料放入調理盆中拌勻後，覆上保鮮膜放入冰箱冷藏約20分鐘，取出後以手剝碎。
2 將【WET】材料放入調理盆中攪拌。
3 將【DRY】材料過篩至另一個稍大的調理盆中。
4 將步驟 **2** 與步驟 **3** 混合攪拌。
5 將步驟 **4** 的材料入模，接著將步驟 **1** 的奶酥，均勻鋪放在麵團表面。
6 將步驟 **5** 的材料放入烤箱，以170℃約烘烤40分鐘，脫模後放涼至完全冷卻。
7 將完成的蛋糕體對半切開，在中間均勻抹上果醬後，再將兩片蛋糕夾起。

奶酥製作方法

將米粉、麥片、葵花子、香料與鹽倒入調理盆中，大略攪拌混合。

加入油、楓糖漿後充分拌勻。若直接放置於室溫下，將使材料呈現黏稠的狀態，因此請放入冰箱冷藏，使之冷卻結塊。

圖中為材料冷卻後的結塊狀態，請以手輕輕將剝碎。

保存方式

請於烤焙當日食用完畢，或以保鮮膜包妥，放入冰箱冷凍保存即可。食用前可置於室溫下自然解凍。以米粉作成的甜點，不建議以冷藏方式保存，冷藏會讓水分散佚，使口感變得乾硬。

Muffin

不含蛋、乳製品、白砂糖，偶爾小麥粉也可以米粉取代喔！

精緻可愛の法式馬芬

馬芬蛋糕為孩子們的最愛甜點之一，小巧的外形也很適合放入便當盒，當作簡餐或茶點享用。可酌量添加水果或果乾等花式餡料，烘焙方法更是變化無窮，還可淋上糖霜來描繪可愛的圖案，或妝點成人氣杯子蛋糕，款款都令人驚喜不已呢！

左列為葡萄馬芬（p.64）、中列為藍莓馬芬（p.65）、右列為南瓜巧克力碎片馬芬（p.66）、養生胡蘿蔔馬芬（p.67）交錯排列。

馬芬的基本製作法

只要將**WET（粉類）**、**DRY（液體類）**及餡料混合拌勻，放入烤箱烘烤即可，作法與其它蛋糕一樣省略了打發程序，因此只要花費5分鐘，就能輕鬆搞定！此款蛋糕操作簡單，失誤率也很低，在此推薦給初次作甜點的您。

缺字

材料（直徑約 8cm 馬芬模，6 個份）

【WET】

豆乳……100ml

甜菜糖……60g

菜籽油……40ml

葡萄汁……50ml

檸檬汁……1大匙

【DRY】

中筋麵粉（地粉）……200g

大麻籽……1大匙

鹽……1小撮

泡打粉……1小匙

餡料・葡萄……20至25顆

準備

- 將馬芬專用紙杯放入馬芬模內，若使用矽膠杯則直接烘烤不用放入馬芬模。
- 葡萄去皮，切成1/2至1/4大小，保留切開時流出的葡萄汁，稍後可加入麵團內使用。
- 烤箱預熱至180℃。

1

將【WET】材料拌勻

將【WET】材料放入調理盆中，以橡皮刮刀攪拌均勻。

材料處於分離狀態，大致攪拌均勻即可。

將【DRY】材料拌勻

將多用途網篩架在空調理盆（稍大者為佳）上，再倒入【DRY】材料，以攪拌器一邊攪拌一邊過篩到調理盆中。

以攪拌器在濾網當中來回攪拌過篩，作業起來會更快速。

WET＋DRY＋餡料

將步驟1【WET】倒入步驟2【DRY】中，以橡皮刮刀攪拌至無粉末狀態，再將葡萄倒入粗略攪拌。

依季節更換水果，享受不同的樂趣。

藍莓馬芬

材料（直徑約 8cm 馬芬模，6 個份）

【WET】

豆乳……100ml

甜菜糖……60g

菜籽油……50ml

蘋果汁……50ml

【DRY】

低筋麵粉……200g

杏仁粉（帶皮）……1大匙

鹽……1小撮

泡打粉……1小匙

餡料・藍莓（新鮮或冷凍皆可）……60g

製作方法

作法與葡萄馬芬相同。

保存方式

請於烤焙當日食用完畢，或以保鮮膜包妥，放入冰箱冷凍或冷藏保存，食用前可置於室溫下自然解凍。

模具

左為6入份馬芬模；右為矽膠製馬芬杯。

4 入模

將麵團分別均勻倒入準備好的馬芬模。

以前端較窄的咖哩飯湯匙，將麵團舀入模具中，不會溢出模外輕鬆又好看。

5 入箱烘烤

將步驟4的材料置於烤盤上，放入烤箱以180℃烘烤約25分鐘。

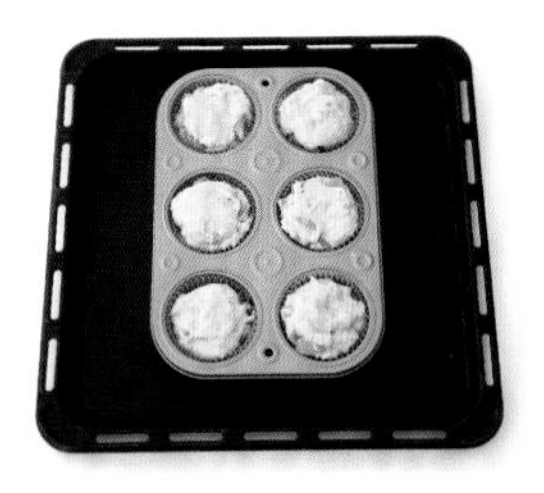

6 冷卻

出爐脫模後，將成品靜置在網架上冷卻。

出爐後立即脫模冷卻。

南瓜巧克力碎片馬芬

口感鬆軟熱呼呼的蒸南瓜，拌入巧克力風味的角豆片，此乃養生甜點的人氣組合，
也詳細介紹了可愛的糖霜裝飾法。

材料（直徑約 8cm 馬芬模，6 個份）

【WET】

豆乳……85ml

甜菜糖……35g

菜籽油……40ml

香草萃取液……1/2小匙

【DRY】

低筋麵粉……100g

全麥低筋麵粉……25g

杏仁粉……1/2大匙

鹽……1小撮

泡打粉……2小匙

餡料

南瓜……120g

角豆片……20g

描邊用糖霜（6 個份）

椰奶……3大匙

龍舌蘭糖漿……1大匙

米粉……2小匙

準備

- 將南瓜切丁，撒上一些鹽（份量外），約蒸10分鐘。
- 將馬芬專用紙杯，放入馬芬模中。
- 烤箱預熱至180℃。

描邊用糖霜製作方法

將材料放入鍋中，以中小火一邊加熱一邊攪拌，慢慢拌煮成厚重黏稠的狀態後熄火，盡快將材料倒入擠花袋（耐熱）內，進行擠花裝飾。

保存方式

請於烤焙當日食用完畢，或以保鮮膜包妥，放入冰箱冷凍或冷藏保存，食用前可置於室溫下自然解凍。

製作方法（請參見 p.64 至 p.65 的製作方法）

1. 將【WET】材料放入調理盆中攪拌。
2. 將【DRY】材料過篩到空調理盆中。
3. 將步驟 **1** 步驟 **2** 混合攪拌至無粉末狀態，放入蒸熟的南瓜、角豆片一起攪拌。
4. 將步驟 **3** 的材料分別入模。
5. 步驟 **4** 的材料放入烤箱，以180℃烘烤約10分鐘，接著將溫度調降至160℃，烘烤15分鐘，脫模後靜置至完全冷卻。
6. **【製作描邊用糖霜】**(參照下述製作方法）。材料放入鍋中，以小火一邊加熱一邊攪拌，煮成濃稠厚重的狀態之後熄火。
7. 將步驟 **6** 的材料倒入附有細口擠花嘴的擠花袋（耐熱），在馬芬上描繪出自己喜歡的圖案。此時材料相當燙手，務必戴上隔熱手套再進行擠花。

養生胡蘿蔔馬芬

將磨成粗泥的胡蘿蔔和入麵團裡，品嚐胡蘿蔔的自然甜味與迷人色澤。
胡蘿蔔經細切後容易出水、黏手，因此建議以粗磨的方式帶出食材本身的口感，在製作上也較為容易。

材料（直徑約 8cm 馬芬模，6 個份）

【WET】

100%蘋果汁……90ml
楓糖漿……45ml
菜籽油……45ml

【DRY】

低筋麵粉……100g
全麥低筋麵粉……30g
杏仁粉（帶皮）……20g
鹽……1小撮
泡打粉……2小匙

餡料

胡蘿蔔……70g
核桃……15g

描邊用糖霜（6 個份）

椰奶……3大匙
龍舌蘭糖漿……1大匙
米粉……2小匙

準備

- 運用乳酪刨絲器或粗的磨泥器將蘿蔔磨成粗泥。
- 將馬芬專用紙杯，放入馬芬模中。
- 烤箱預熱至180℃。
- 將核桃鋪在烘焙紙的烤盤上，放入烤箱以180℃約烘烤4至5分鐘。

保存方式

請於烤焙當日食用完畢，或以保鮮膜包妥，放入冰箱冷凍或冷藏保存，食用前可置於室溫下自然解凍。

製作方法（請參見 p.64 至 p.65 的製作方法）

1. 將【WET】材料放入調理盆中攪拌。
2. 將【DRY】材料過篩到空調理盆中。
3. 將步驟 **1** 與步驟 **2** 混合攪拌至無粉末狀態，再加入磨好的胡蘿蔔泥一起拌勻。
4. 將步驟 **3** 的材料分別入模。
5. 將步驟4的材料放入烤箱，以180℃約烘烤27分鐘，脫模後靜置至完全冷卻。
6. **【製作描邊用糖霜】**（作法詳見p.66）材料放入鍋中，以小火一邊加熱一邊攪拌，煮成濃稠厚重的狀態之後熄火。
7. 將步驟 **6** 的材料倒入附有細口擠花嘴的擠花袋（耐熱），在馬芬上描繪出自己喜歡的圖案。此時材料相當燙手，務必戴上隔熱手套再進行擠花。

和風柚子米粉馬芬

甜菜糖漿的溫和口感讓柚子特有的清爽香氣充分發揮，
再加上米粉Q彈的口感，是一款大受歡迎的小點心！

材料（直徑約 8cm 馬芬模，6 個份）

【WET】

豆乳……180ml

甜菜糖漿（參照下述製作方法）或楓糖漿……100ml

菜籽油……50ml

白味噌……1大匙

【DRY】

米粉……180g

鹽……1小撮

泡打粉……1/2大匙

餡料

柚子皮（切絲）……1個份

白芝麻醬……1大匙

準備

- 將甜菜糖60g、水100m放入鍋中加熱充分溶解。
- 將柚子的黃色表皮削下薄薄地一層，再細切成絲狀。
- 將馬芬專用紙杯，放入馬芬模中。
- 烤箱預熱至160℃。

甜菜糖漿的作法

讓材料稍微煮開充分溶解後，熄火放置冷卻。（放入冰箱冷藏保存可存放一周）

保存方式

請於烤焙當日食用完畢，或以保鮮膜包妥，放入冰箱冷凍保存即可。食用前可置於室溫下自然解凍。以米粉作成的甜點，不建議以冷藏方式保存，冷藏會讓水分散佚，使口感變得乾硬。

製作方法（請參見 p.64 至 p.65 的製作方法）

1. 將【WET】材料放入調理盆中攪拌，因白味噌不易溶解，可先將味噌放入調理盆中，倒入些許豆乳稀釋溶解，再加入其餘材料。
2. 將【DRY】材料過篩到空調理盆中。
3. 將步驟 **1** 與步驟 **2** 混合攪拌至無粉末狀態後，加入柚子皮（預留少許裝飾用）、芝麻一起攪拌。
4. 將步驟 **3** 的材料分別倒入模具中，再將柚子皮放在麵團上作裝飾。
5. 將步驟 **4** 的材料放入烤箱，以180℃約烘烤30分鐘，脫模後靜置至完全冷卻。

卡士達可可米粉馬芬

淋上p.49中喜愛奶油或卡士達，再放上水果裝飾此款可可馬芬，
是一款非常適合用來招待客人的可口甜點。

材料（直徑約 8cm 馬芬模，6 個份）

【WET】

豆乳……140ml

楓糖漿……55ml

菜籽油……35ml

100%蘋果汁……30ml

【DRY】

米粉……150g

可可粉……40g

鹽……1小撮

泡打粉……1/2大匙

餡料

喜歡的水果乾……30g

白蘭地……1大匙

裝飾配品

卡士達醬（參閱p.49）……適量

喜歡的水果……適量

準備

- 將果乾切碎後灑上白蘭地。
- 將馬芬專用紙，杯放入馬芬模中。
- 烤箱預熱至180℃。

製作方法（請參見 p.64 至 p.65 的製作方法）

1. 將【WET】材料放入調理盆中攪拌。
2. 將【DRY】材料過篩到空調理盆中。
3. 將步驟 1 與步驟 2 混合攪拌至無粉末狀態，再加入果乾一起攪拌。
4. 將步驟 3 的材料分別倒入模具中。
5. 將步驟 4 的材料放入烤箱，以180℃約烘烤20分鐘，脫模後靜置至完全冷卻。
6. 將事前作好的卡士達醬淋在馬芬上，再放上水果加以裝飾。

可依個人喜好挑選果乾來製作，如葡萄或杏桃等都是很適合的餡材。以白蘭地稍加浸泡，能瞬間提昇果乾的香醇風味喔！

保存方式

請於烤焙當日食用完畢，或以保鮮膜包妥，放入冰箱冷凍保存即可。食用前可置於室溫下自然解凍。以米粉作成的甜點，不建議以冷藏方式保存，冷藏會讓水分散佚，使口感變得乾硬。

黑棗野菜米粉馬芬

加入香菜粉可增添香氣，可依個人喜好添加，若不加入也不會引響馬芬本身的美味，此款高纖低卡馬芬作為下午茶點心或正餐享用都非常棒喔！

材料（直徑約 8cm 馬芬模，6 個份）

【WET】

豆乳……150ml

楓糖漿……45ml

菜籽油……45ml

【DRY】

米粉……150g

泡打粉……1/2大匙

鹽……1小撮

餡料

洋蔥……1/2個

黑棗乾……4顆

香菜粉……1/4小匙

※ 茹素者請將葷料改為素料。

準備

- 將洋蔥切薄片、黑棗乾切成粗末放入鍋中，再倒入稍可露出材料的水量，撒上香菜粉，蓋上鍋蓋以小火燜煮。
- 將馬芬專用紙杯，放入馬芬模中。
- 烤箱預熱至180℃。

製作方法（請參見 p.64 至 p.65 的製作方法）

1. 將【WET】材料放入調理盆中攪拌。
2. 將【DRY】材料過篩到空調理盆中。
3. 將步驟 **1** 與步驟 **2** 混合攪拌至無粉末狀態，加入準備好的餡料一起攪拌。
4. 將步驟 **3** 的材料分別入模。
5. 將步驟 **4** 的材料放入烤箱，以180℃約烘烤25分鐘，脫模後靜置至完全冷卻。

將洋蔥切成片狀、黑棗乾切成粗末，放入鍋中之後，再倒入稍可露出材料的水量，以小或進行燜煮，最後撒上香菜粉，增添辛香風味。

保存方式

請於烤焙當日食用完畢，或以保鮮膜包妥，放入冰箱冷凍保存即可。食用前可置於室溫下自然解凍。以米粉作成的甜點，不建議以冷藏方式保存，冷藏會讓水分散佚，使口感變得乾硬。

甘納豆＆甜酒釀米粉馬芬

以酒釀的天然甜味為此款鬆軟馬芬增加甜味。
若不易取得甘納豆，亦可使用葡萄乾等果乾代替，別有一番風味。

材料（直徑約 8cm 馬芬模，6 個份）

【WET】
豆乳……150ml
玄米酒釀……70ml
菜籽油……35ml

【DRY】
米粉……150g
鹽……1小撮
泡打粉……1/2大匙

餡料・甘納豆……25g

準備
・將馬芬專用紙杯，放入馬芬模中。
・烤箱預熱至180℃。

甘納豆
（以甜菜糖製作）
以甜菜糖製作的甘納豆，既好吃又能滿足養生飲食需求。

製作方法（請參見 p.64 至 p.65 的製作方法）

1. 將【WET】材料放入調理盆中攪拌。
2. 將【DRY】材料過篩到空調理盆中。
3. 將步驟 **1** 與步驟 **2** 混合攪拌至無粉末狀態，再加入甘納豆（預留少許裝飾用）一起攪拌。
4. 將步驟 **3** 的材料分別入模，最後放上甘納豆。
5. 將步驟 **4** 的材料放入烤箱，以180℃約烘烤20分鐘，脫模後靜置至完全冷卻。

保存方式

請於烤焙當日食用完畢，或以保鮮膜包妥，放入冰箱冷凍保存即可。食用前可置於室溫下自然解凍。以米粉作成的甜點，不建議以冷藏方式保存，冷藏會讓水分散佚，使口感變得乾硬。

烘焙良品 32

在家輕鬆作，好食味養生甜點&蛋糕

鬆・軟・綿・密の自然好味！

作　　　者／上原まり子
譯　　　者／陳曉玲
發　行　人／詹慶和
總　編　輯／蔡麗玲
執 行 編 輯／李佳穎
編　　　輯／蔡毓玲・劉蕙寧・黃璟安・陳姿伶・白宜平
封 面 設 計／李盈儀
美 術 編 輯／陳麗娜・周盈汝
內 頁 排 版／鯨魚工作室
出　版　者／良品文化館
郵政劃撥帳號／18225950
戶　　　名／雅書堂文化事業有限公司
地　　　址／220 新北市板橋區板新路 206 號 3 樓
電 子 信 箱／elegant.books@msa.hinet.net
電　　　話／(02)8952-4078
傳　　　真／(02)8952-4084

2014 年 09 月初版一刷　定價 280 元

FUNWARI SHITTORI CAKE

總經銷／朝日文化事業有限公司
進退貨地址／235 新北市中和區橋安街 15 巷 1 號 7 樓
電話／（02）2249-7714　傳真／（02）2249-8715

STAFF
發 行 人／大沼淳
設　　計／遠矢良一（ARTR）
攝　　影／福尾美雪
造　　型／久保百合子
烘焙助理／富松愛子・白田麻矢
飯島絵里香・安藤昌美
鈴木弘子
校　　閱／小野里美
編　　輯／杉山伸子
浅井香織（文化出版局）

國家圖書館出版品預行編目(CIP)資料

在家輕鬆作,好食味養生甜點&蛋糕：鬆.軟.綿.密の自然好味! / 上原まり子著；陳曉玲譯. -- 初版. -- 新北市：良品文化館出版：雅書堂文化發行, 2014.09
面；　公分. -- (烘焙良品；32)
ISBN 978-986-5724-19-1(平裝)
1.點心食譜

427.16　　103013392

Macrobiotic Cakes

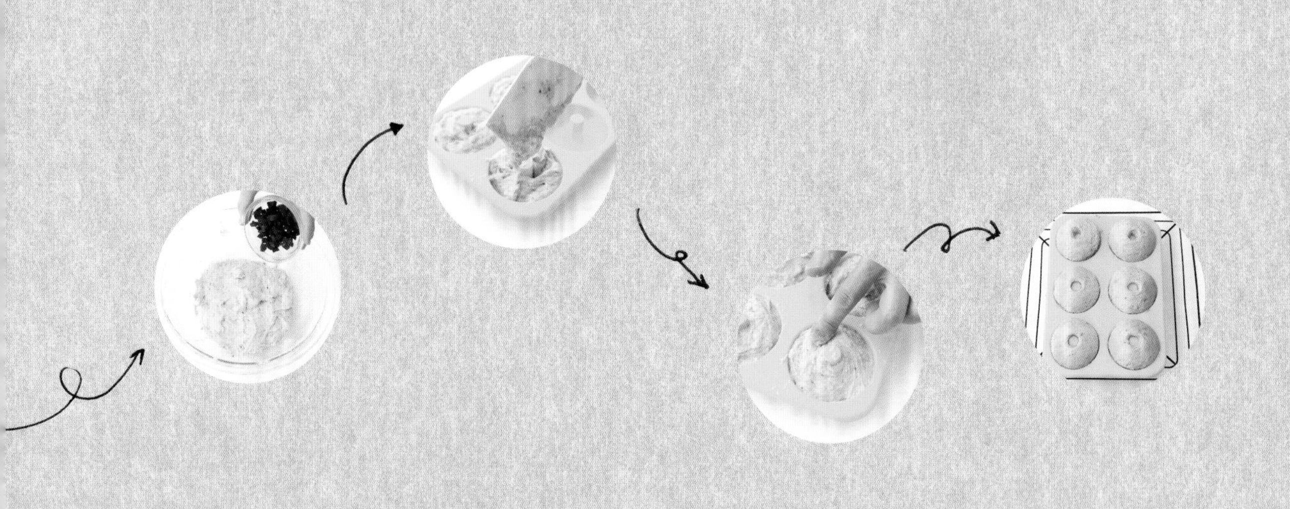

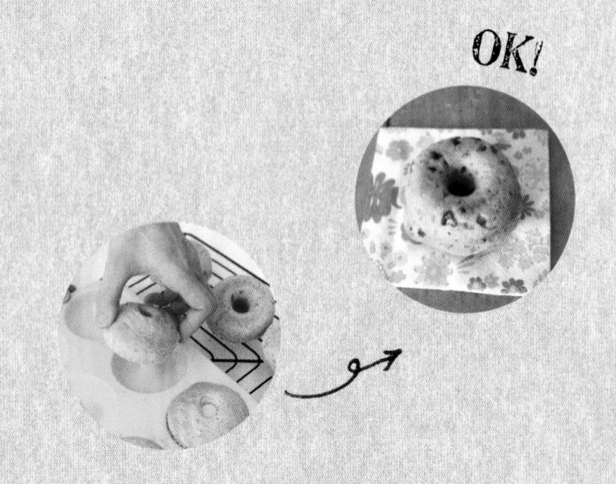
OK!